"十四五"中等职业教育部委级规划教材

人物化妆造型设计教程

主　编／杨继萍

副主编／淡雅琼　王雅红　花　芬

中国纺织出版社有限公司

内 容 提 要

本书为人物化妆造型设计专业学生化妆与造型课程实训教材，美发与形象设计专业教学用书。本书依据教育部《中等职业学校美发与形象设计教学标准》，并结合行业发展变化的新要求编写。本书共分七章，内容包括：皮肤与化妆品基础知识、化妆色彩构成、美容化妆基础知识、面部局部化妆修饰方法与技巧、矫正化妆、现代整体化妆造型及中国历代人物化妆造型。

本书可作为中等职业学校美容美发与形象设计专业的教材或辅助教学用书，也可供在职化妆师、形象设计师参考阅读。

图书在版编目（CIP）数据

人物化妆造型设计教程/杨继萍主编；淡雅琼，王雅红，花芬副主编．--北京：中国纺织出版社有限公司，2022.6（2024.9 重印）

"十四五"中等职业教育部委级规划教材

ISBN 978-7-5180-9358-8

Ⅰ．①人… Ⅱ．①杨… ②淡… ③王… ④花… Ⅲ．①化妆—造型设计—中等专业学校—教材 Ⅳ．①TS974.12

中国版本图书馆 CIP 数据核字（2022）第 030077 号

责任编辑：宗　静　　特约编辑：渠水清
责任校对：江思飞　　责任印制：王艳丽

中国纺织出版社有限公司出版发行
地址：北京市朝阳区百子湾东里 A407 号楼　邮政编码：100124
销售电话：010—67004422　　传真：010—87155801
http://www.c-textilep.com
中国纺织出版社天猫旗舰店
官方微博 http://weibo.com/2119887771
北京通天印刷有限责任公司印刷　各地新华书店经销
2022 年 6 月第 1 版　2024 年 9 月第 3 次印刷
开本：787×1092　1/16　印张：7
字数：105 千字　定价：59.80 元

前言

　　本书为人物化妆造型设计专业学生化妆与造型课程实训教材，美发与形象设计专业教学用书。本书依据教育部《中等职业学校美发与形象设计教学标准》，并结合行业发展变化的新要求编写。

　　本书在编写过程中，坚持"以就业为导向，以能力为本位"的办学思想，突出重点领域，强化行业指导，体现工学结合，力求做到学习内容目标明确，知识点到位，内容有条理，技能简练易操作，结合潮流趋势凸显时尚彩妆与化妆技法。书中从基础知识和基本技能入手，结合学习内容流程，使学生的课堂学习和后续的实践活动得到有效衔接，书中所提供的造型示例图片，使造型效果更加直观。本书旨在帮助中职学生掌握人物化妆造型设计的基本技法，培养初步的化妆造型能力。

　　本书在编写过程中参考引用了一些相关文献资料，在此向原著的专家学者表示感谢，同时特别感谢郑州市科技工业学校及相关专业同学们的大力支持。

　　由于作者水平有限，书中难免有不足之处，希望读者提出批评与建议，以便在今后修订中使本书内容更趋完善，更好地满足中等职业教育教学的需要。

编者

2021年12月

教学内容及课时安排

章/课时	课程性质/课时	节	课程内容
第一章 （2课时）	理论课 （4课时）	·	皮肤与化妆品基础知识
		一	皮肤类型、特征及护理方法
		二	化妆品选择与应用
		三	卸妆品选择与应用
第二章 （2课时）		·	化妆色彩构成
		一	色彩基础知识
		二	光色与妆色
第三章 （2课时）	理论与实践 （18课时）	·	美容化妆基础知识
		一	美容化妆的概念
		二	化妆用具的认识及应用
		三	化妆的基本步骤
第四章 （12课时）		·	面部局部化妆修饰方法与技巧
		一	眉毛的修饰
		二	眼睛的修饰
		三	面色的修饰
		四	面颊的修饰
		五	鼻部的修饰
		六	唇部的修饰
第五章 （4课时）		·	矫正化妆
		一	人体头面部骨骼
		二	五官的矫正化妆
		三	不同脸型的矫正化妆
第六章 （6课时）	理论与实践 （6课时）	·	现代整体化妆造型
		一	日常妆造型
		二	新娘妆造型
		三	晚宴妆造型
		四	创意妆造型
第七章 （4课时）	理论课 （4课时）	·	中国历代人物化妆造型
		一	汉代时期
		二	魏晋南北朝时期
		三	隋唐五代时期
		四	宋辽金元时期
		五	明朝时期
		六	清朝时期
		七	清末民初时期

注　各院校可根据自身的教学特点和教学计划对课时数进行调整。

目录

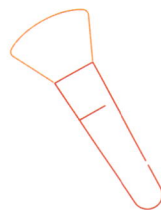

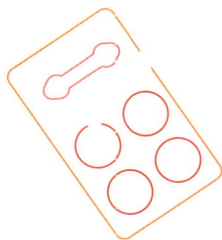

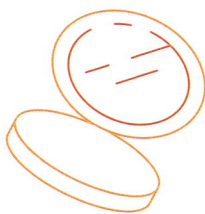

6

第六章
现代整体化妆造型

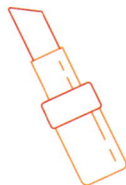

7

第七章
中国历代人物化妆造型

第一章

皮肤与化妆品基础知识

1

课题名称： 皮肤与化妆品基础知识

课题内容： 1. 皮肤类型、特征及护理方法

2. 化妆品选择与应用

3. 卸妆品选择与应用

课题时间： 2课时。

教学目的： 正确认识皮肤类型、化妆品以及卸妆产品，引导学生提升自己的专业素养和审美意识。

教学方式： 讲授法、讨论法

教学要求： 1. 了解皮肤类型和特征以及相对应的护理和化妆方法。

2. 正确认识和使用化妆品、卸妆产品。

3. 通过学习，提升学生的专业素养和审美意识。

课前准备： 课前通过查阅资料预习课题内容。

人体的皮肤是由表皮层、真皮层和皮下组织这三个部分构成的（图1-1）。皮肤的属性特征会受到身体的情况、环境、饮食、遗传等因素的影响而不断地发生变化。因此，在日常生活中，养成良好的生活习惯，保证规律、充足的睡眠，进行适当的运动锻炼，配合丰富、营养的合理饮食，摄取充足的水分，保持良好的心理状态，拥有愉悦的心情，忌烟、忌酒等，都是拥有好皮肤不可缺少的条件。

化妆品需要皮肤的衬托，皮肤需要化妆品来完善，掌握好皮肤和化妆品之间的联系与特点，才能够充分发挥皮肤与化妆品的优势，使两者完美结合，达到最好的化妆效果。

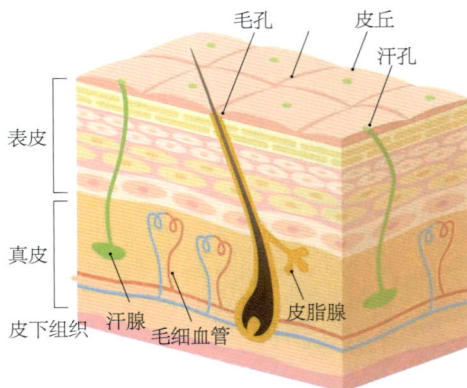

图1-1 皮肤组织结构图

所以，作为一名优秀的化妆师，首先要了解不同的皮肤特征及化妆品的运用是非常重要的，在化妆前能准确地判断出皮肤与化妆品的类型，对于描画出完美的妆容，起着至关重要的作用。

第一节

皮肤类型、特征及护理方法

一、皮肤的属性

1. 油性皮肤

油性皮肤的形成是由于皮脂腺功能太活跃，皮脂分泌旺盛，其表现为面部油腻，看上去脸上总是油光发亮，尤其是脸部的T字区部位，这样的肤质不易清洁，容易造成毛孔粗大。同时，T字区也是最容易脱妆的部位。油性皮肤色素较深，一般为淡褐色或褐色，甚至为红铜色。毛孔明显粗大，纹理粗糙，到夏季容易出汗，容易长出面疱和粉刺。当皮肤表面油脂堆积时，扩张的皮脂腺形成阻塞，此时皮肤表面对细菌抵抗力减弱，细菌加快繁殖，脸上便会出现黑头、暗疮、小疙瘩。油性皮肤的优势是不易显老，不易长皱纹，能承受外界各种刺激，皮肤老化得也比较慢，过热或过冷的环境对它的影响较小。这种肤质应选择能有效去除脸部油脂分泌物的洁面产品，如果洗脸工作不认真、不彻底，残留在皮肤上的油脂将是导致痘痘、痤疮、粉刺等生长的罪魁祸首。同时，在饮食上应注意避免辛辣、油腻等刺激性的食物。

这类肤质的女性在选择化妆品时，应选择含油少、对油性皮肤有综合作用的产品，并且要注意勤洗脸，选择去除皮脂力强、刺激少的洗面奶，仔细地做好深层清洁。但是注意，不要用碱性化妆水，想要使皮肤收敛，须使用具有收缩作用的酸性化妆水。一般使用具有收敛功能，一般pH值在5.6~6.5的化妆水，称为收敛水。长期使用可调节皮肤的水分和油分，收敛皮肤，收缩毛孔，以便抑制皮脂的分泌而减少刺激。收敛水还能够平衡皮肤pH值，调节油脂分泌，补充丢失的水分，起到控油和保湿的作用。此外，酸性的化妆水具有杀菌作用，因此对于油腻以及残留污垢的皮肤是不可或缺的保养品。但是也有一种罕见现象，是在洗面乳清洁过度而造成皮脂分泌过剩的情况下产生的，敷面是避免此问题的好方法，选择去污及抑制油脂分泌的敷面产品效果最好，早上进行一次敷面，大约可维持皮肤半日的干爽。

2. 干性皮肤

干性皮肤皮肤较薄、肤质细腻，毛孔细小、肤质分泌少而均匀。因为皮肤缺少油脂和水分，皮肤看上去没有光泽、干涩、易脱皮、容易产生斑点，但不易产生痤疮，但受到外界刺激后，如风吹日晒等，皮肤会出现潮红，甚至伴有灼痛感。该肤质易产生皱纹，尤其是眼周、嘴角处。干性皮肤在洁面后如不及时护理，会有紧绷感或浮肿感，换季时经常感到皮肤粗糙，抚摸时会有紧绷和粗糙的感觉，并且有许多细小的皱纹，皮肤缺少柔软性和润滑性。由于此类皮肤分泌水分不足，在

日常养护时应注意补充水分，加强皮肤的保湿工作。干性皮肤者在年轻时皮肤较好，这是因为油脂腺不发达，不会出现鼻头油亮和暗疮情况。但干性皮肤缺乏油脂保护，即使并不猛烈的风也能通过皮肤掠走大量水分，使皮肤因缺水显得干皱。所以，同一年龄的中年妇女，年轻时为干性皮肤者较油性皮肤者要老得快些，就是因为这个缘故。

我们对待干性皮肤并不是没有办法，只是要多花费一些时间和精力。干性皮肤者要选用刺激小的洗脸液，用温水洗脸。干性肤质的人在洗脸时不能用太热的水，否则会加重皮肤的紧绷感。禁止使用刺激性强、碱性强、磨砂的洁面产品，以免抑制皮脂和汗液的分泌，损伤皮肤屏障，使皮肤更加干燥。洁面时不得太用力清洁，每天早晚做脸都按摩，每周至少做一次面膜，加强保湿，选择能够增强皮肤柔软性和润滑性的面霜，这可以防止皱纹滋生。另外，到了秋冬季节，要格外注意皮肤的护理，保证充足的水分，选用油脂含量高的护肤品，防止皮肤干燥脱屑，有利于保护皮肤及延缓衰老。

3. 中性皮肤

中性皮肤由于皮脂和水分保持正常而平衡的状态，因而是最健康、最理想的皮肤，通常又称正常性皮肤。这种健康的肌肤，组织紧密、光滑细腻，用手触摸柔软嫩滑，不油、不干、有弹性，皮脂分泌量适中，没有粗大的毛孔或太油腻的部位。因此，此类皮肤抵抗力强，不易产生变化，易上妆并能持妆长久。但再好的皮肤

也需精心呵护，否则因养护不当而转变成油性或干性肤质就比较麻烦了。所以，合理的饮食和充足的睡眠是必不可少的。

对于中性皮肤，早上用温水洗脸后先用爽肤水，然后用日霜；晚上可用营养性化妆水保持皮肤的物理平衡，最后涂上营养晚霜。少女时期，雌性激素分泌多，促进透明质酸酶的生成，使皮肤得以保留更多的营养物质和水分，所以发育成熟前的少女以中性皮肤为多。

4. 混合性皮肤

顾名思义，混合性皮肤是指脸上的某些部位是油性的，某些部位是干性的（多数情况是 T 字部位属于油性的，而两颊部位多属干性）。混合性皮肤在洁面护肤的工作上要更细致、耐心，应将油性的 T 字区和 U 型区分开清洁、护理，这样才能保持皮肤最好的状态。

混合性皮肤是最为常见的一种皮肤，80% 以上的女性都是混合性皮肤。因其油性部位呈 T 型，即前额、鼻梁油腻，其余部位属于干性或正常皮肤，由于面孔中部油脂分泌较多，此类皮肤者的额头、鼻头、嘴唇上下方经常生出粉刺，而眼周围干性皮肤与油性皮肤地带缺乏油脂的保护，又容易出现鱼尾纹和笑意纹，因而混合性皮肤具有干性皮肤与油性皮肤的双重特点，更需要根据各个部位的属性采用正确的护理方法。平时需要注意日常皮肤的保养，补充充足的水分，保持水油平衡。

饮食是我们日常生活的重要环节，应该多吃水果和蔬菜，保持营养均衡，多喝水，保持愉悦的心情。

5. 敏感性皮肤

敏感性皮肤在不同的情况下会出现不同程度的症状，严重时皮肤会发红、发痒、紧绷、烧灼、刺痛，甚至水质的变化、穿化纤衣服、香味过重等都能引起过敏反应，涂抹护肤液时常常会有轻微热疼的感觉，所以在洁面和护肤产品的选择上要格外细心。

敏感性皮肤在护肤产品上应选择性质温和、纯天然成分的产品，早上洗脸后应该用温和并且不含刺激成分的爽肤水来护理皮肤，然后用无色淡雅的护肤品护肤。晚上洗脸应用乳液性洁面乳，温水洗脸后再用化妆水来爽肤、润肤。敏感性皮肤者的化妆品调换应该遵循一定的原则，如需要调换的话可先在手臂内侧做试验，证明不会过敏后才能使用。其方法是：倒出护肤品涂在手臂内侧，然后绷上纱布，等24小时之后再拆掉纱布，看手臂内侧是否会出现过敏现象，如果一切正常方能使用。另外，过敏性皮肤的护肤品不应该过于频繁地更换，特别注意不管是在洁面、护肤还是化妆的过程中，手法要轻柔，力度要适中，以减缓皮肤的敏感度。因为皮肤的角质层较薄，所以不适宜做脸部按摩，容易引起皮肤敏感。合理控制饮食，不能吃辛辣、刺激性的食物，保证充足的睡眠和愉悦的心情等都是十分重要的。

二、皮肤性质的确定

皮肤性质的确定是尤为重要的，如果我们不了解自己的肤质，那么一切对症下药的日常护理都是无从谈起的。那么如何确定自己的皮肤性质呢？皮肤的性质会随着年龄的增长和季节的变化而发生改变，因此皮肤性质的确定应该具有时间上的阶段性。下面介绍几种常用的方法。

1. 美容放大镜测试法

美容放大镜测试法是确定肤质最简单易行的办法，可以找一个人来帮助你完成。首先要洗净面部，待皮肤紧绷感消失后，用放大镜仔细观察皮肤纹理及毛孔状况。操作时测试者用棉片将被测试者双眼遮盖，防止放大镜聚光损伤眼睛。皮肤纹理不粗不细为中性皮肤；皮肤纹理较粗，毛孔较大，为油性皮肤；皮肤纹理细致，

毛孔细小不明显，常见细小皮屑，为干性皮肤（图1-2）。

2. 外观测试法

通过观察，毛孔粗大明显、脸上油腻无疑是油性皮肤；干性皮肤一般毛孔不明显，皮肤细腻干净，有细小皱纹（图1-3）。

3. 触摸测试法

在刚起床时，用手指触摸皮肤，感觉油腻的为油性皮肤；感觉粗糙的为干性皮肤；感觉平滑的为中性皮肤（图1-4）。

4. 洗脸测试法

洗完脸15~30分钟后，感觉脸部有油脂的为油性皮肤；绷紧的为干性皮肤；稍绷紧的为中性皮肤（图1-5）。

图1-2 美容放大镜测试法

图1-3 外观测试法

图1-4 触摸测试法

图1-5 洗脸测试法

5. pH试纸测试法

要了解皮肤究竟属于何种类型，当然还可以由皮肤的pH值（即皮肤的酸碱性）来加以判断。一般皆以pH值7为中心，大于7者为碱性皮肤，小于7者为酸性皮肤。健康皮肤的表面pH值为3.7~6.5，多半是属于弱酸性皮肤。除此之外，无论是偏向碱性还是偏向酸性的皮肤，都不能算是正常的皮肤。当皮肤的pH值偏向某一方比较明显的时候，说明皮肤发生了异常（图1-6）。

图1-6 pH试纸测试法

6. 仪器测试法

皮肤的性质可通过专业的皮肤检测仪器来测定。这种仪器的使用非常简单、方便，只要把脸放在仪器专门设置的位置上，就可以清楚地了解自己的皮肤类型。因为仪器可以具体地分析出每个人的皮肤状况。除此之外，还能够观察到敏感性区域，如微细血管扩张、色素沉着以及老化的角质细胞等（图1-7）。

图1-7 仪器测试法

三、不同类型面部皮肤的护理

（一）中性皮肤护理

中性皮肤是比较理想的皮肤，其外观干净、细嫩、毛孔细小且润泽。但相对较不稳定，易受季节变化的影响，如果保养不当，很容易转变成干性或油性皮肤。因此，我们要重视对皮肤的保养。

1. 中性皮肤护理重点

（1）保持皮肤清洁，令皮脂腺和汗腺分泌通畅。

（2）促进血液循环，保持皮肤弹性。

（3）应视季节的不同而进行正确的保养，如春天注意防晒与防过敏；夏天注意防晒与收敛肌肤；秋天注意为肌肤补充营养；冬天注意保持皮肤湿润。

2. 中性皮肤的护理过程

（1）早晨护理。洗脸时，用洗面奶洗面后再用温开水将脸洗净。春、秋、冬季用滋润液调理肌肤，补充皮肤的水分；夏季用收缩水收缩毛孔，使皮肤保持清爽不油腻。然后，用滋润乳液或滋润面霜均匀地涂于面部，夏季尤其要注意防晒，可根据紫外线的强度选择相应的防晒产品。

（2）晚上护理。洗脸时，用卸妆液卸妆，再用洗面奶清洁面部，保持皮肤毛孔的清洁与通畅，有利于皮肤的呼吸和新陈代谢。将滋润液涂于面部，补充皮肤的水分和养分，保持皮肤湿润。然后，使用有营养的晚霜或乳液，补充皮肤所需的养分和油分，令皮肤细嫩有弹性。只有每天进行正确的保养，才能使皮肤保持良好的状态。

（二）干性皮肤护理

干性皮肤可分为缺乏油脂的干性皮肤和缺乏水分的干性皮肤两种。缺乏油脂的干性皮肤是指皮脂分泌不足，表皮层缺乏足够的油脂来保护及滋润，皮肤外观粗糙且没有光泽。缺乏水分的干性皮肤因表皮的角质层含水量低，保湿能力差，皮肤容易产生微细线纹及皱纹。干性皮肤虽分为两种，但护理步骤基本相同，只是使用的产品不同。干性皮肤通常较细较薄，无论是按摩动作还是仪器的使用都应该轻柔一些。

1. 干性皮肤护理的重点

（1）加强皮肤滋润因子的保湿功能，为皮肤补充适当的养分和水分，尽量保持皮肤的润泽状态。

（2）增进血液循环，促进皮脂分泌。

（3）增加皮肤抵抗能力，加强微血管管壁弹性，选择具有镇静、舒缓、润滑、保湿等有效成分的保养品。

2. 干性皮肤护理的过程

（1）早晨护理。洗脸时，用滋润型洗面奶洗脸，然后用温水将脸洗净。选用

滋润液给皮肤补充水分。选用保湿型、滋养型的霜或乳剂保养皮肤，如外出要涂防晒产品。

（2）晚上护理。洗脸时，用卸妆液卸妆，再用滋润型洗面奶洗脸，然后用温水将脸洗净。先用滋润液轻拍脸部，再用果酸精华素涂于面部，使皮肤湿润。然后，用保湿、滋润、富有营养的膏霜涂于面部，给肌肤以滋养并防止水分的挥发。

（3）干性皮肤者在生活中应注意营养的均衡，多吃些脂质类的食物，如鲜奶、肝类、鱼类、豆类等食品都对干性皮肤有保护作用。多饮水，每天至少喝八大杯水以防止皮肤干燥。保证充足的睡眠，忌吸烟，少吃刺激性食物。选择正确的化妆品，不要过度地蒸面和按摩。

（三）油性皮肤的护理

油性皮肤主要是皮脂分泌旺盛造成的，它的产生与先天性皮脂腺活动活跃、雄性激素分泌过盛、偏食辛辣和含糖量高的食物以及缺乏B族维生素有关。皮脂腺的分泌受年龄、性别、内分泌、外界温度、体表湿度以及饮食营养等因素影响。油性皮肤以年轻人居多，随着年龄的增长油脂分泌会逐渐减少。油性皮肤由于面部过于油腻，很容易沾上污垢，引起细菌滋生与繁殖，从而产生粉刺甚至痤疮。因此，若不及时护理或护理不当，皮肤就会变得粗硬，严重影响容颜的美观。

1. 油性皮肤护理的重点

（1）保持皮肤的清洁与毛孔的通畅，以避免油脂、灰尘阻塞而诱发黑头、

粉刺。

（2）平衡皮肤酸碱度，调节皮脂分泌。

（3）加强收缩毛孔，选择适合肤质的保养品。

2. 油性皮肤护理过程

（1）早晨护理。洗脸时，选用收敛性洗面奶洗脸，用温热的水将脸洗净。油性皮肤要勤洗脸，白天以2~3次为宜。用收缩水收紧毛孔，调节油脂分泌，抑制油脂的过分溢出。然后，涂抹补水型的润肤乳液。

（2）晚上护理。洗脸时先用卸妆液卸妆，再使用洁净力强的洗面奶配合清洗。清洁脸部时，动作要轻柔舒缓，时间为3分钟左右。使用收敛性强的化妆水调节皮脂分泌，然后使用清爽的补水型乳液柔软皮肤。

四、不同皮肤的化妆方法

1. 油性皮肤

油性皮肤在化彩妆时，如使用含油分多的粉底液和隔离霜将会出现堵塞毛孔的现象，导致分泌物无法顺畅地排出皮脂，很有可能会出现痘痘或皮肤病变。因此，油性皮肤以使用含油分少的底妆产品为佳，最好不要使用油分过多的底妆。

2. 干性皮肤

干性皮肤在化彩妆时，由于面部干燥，会很容易脱妆。为了避免脱妆现象，在化妆前，先充分涂抹润肤水和乳液使皮肤滋润，如果没有在润肤水和乳液充分渗透至皮肤内时就化妆，底妆不能紧贴皮肤表面，会出现堆积在个别部位的现象。因此，在涂抹完润肤水和乳液后，静待5分钟使皮肤充分吸收后再上彩妆。

3. 中性皮肤

中性皮肤者，可定期做按摩和敷面膜，维持好的皮肤状态。由于季节的变化，有时也会出现皮肤干燥、皮脂分泌多等问题，这时根据状态护理皮肤，选择带有一些倾向性的化妆品。如夏季皮肤趋向油性时，可以选择乳液型护肤品或清爽的面霜；冬天则应换成油性稍多的护肤产品，以适合季节带来的皮肤变化。可以说中性皮肤是最容易上妆且上妆效果最好的一种皮肤了，选择化妆品时，选用一些性质温和的就可以了。

4. 混合性皮肤

混合性皮肤人群在化妆时，应当注意在面部干燥的部分，少量的分几次涂抹隔离霜和粉底并均匀地扑开，最好使用干湿两用的粉饼涂抹最后一步。皮脂分泌旺盛的部位容易脱妆，因此需要经常定妆在出油多的部位。

5. 敏感性皮肤

敏感性皮肤在必要时可以化淡妆，在平时最好避免化彩妆。化妆时，注意底妆的选择，保证化妆工具的干净。

化妆品选择与应用

一、隔离化妆品的选择与运用

隔离化妆品有隔离霜和隔离乳液两种（图1-8）。

图1-8 隔离化妆品

1.隔离霜

隔离霜用于护肤后、化妆前，是用来修饰肤色，保护皮肤的化妆产品。隔离霜浓度较高，且在颜色修饰上比隔离乳液效果好。由于隔离霜颜色与浓度都较深，所以可以修饰面部面积较小的部分，如黑眼圈、斑点、肌肤颜色偏红、偏黄等部位，在脸上局部调整等。隔离霜颜色有紫色、绿色、白色、蓝色、肤色等，不同的颜色有不同的修饰作用。

2.隔离乳

隔离乳是化妆时底妆前使用的产品，类似于妆前乳，同样具有修饰、改变脸部肌肤颜色，主要作用是调节肤色，保护肌肤免受紫外线的照射等。隔离乳因为浓度较低、质地轻薄，可涂抹整脸，修饰各个部位。不同颜色的隔离乳修饰不同的肤色，常见的隔离乳颜色有紫色、绿色、白色、粉色等。

二、粉底的选择及运用

粉底可以遮盖皮肤瑕疵、调整肤色、改善肤质。选择粉底时应考虑每个人不同的面部肤色，因此选择粉底的颜色要齐全。选择时要观察粉底的颜色，不能过于偏红或偏黄，试用时要看其遮盖力、滋润度还有附着力、通过深浅不同的根底，还可以增强面部的立体感。

1.粉底的类型

（1）粉底膏：质地厚重，遮盖力较强，适用于面部瑕疵较多、年龄较大或皮肤干燥的人，适合浓妆、舞台妆等较为浓重的妆容使用（图1-9）。

（2）粉底液：质地轻薄，是当今化妆师必备的一种底妆产品，适合大多数肌肤。其自然、清透、有光泽感，但其遮盖力差，适用于淡妆，皮肤较好的人使用效果更佳（图1-10）。

（3）粉底霜：质地细腻，遮盖效果一般，在描画清淡的妆面时使用效果自然（图1-11）。

（4）粉饼：方便携带，遮盖效果好，利于外出补妆时使用，必要时可起到粉底和定妆粉的双重作用（图1-12）。

2. 粉底的颜色（图1-13）

（1）淡绿色粉底：可用来调整、改善面部偏红的肤色，也可作妆面提亮用。

（2）淡紫色粉底：可调整、改善面部偏黄的肤色，增加肤色的红润和光泽感。

（3）淡黄色粉底：可调整黑眼圈和改善面部较黑的肤色，也可作妆面提亮用。

（4）深色粉底：可用作修饰脸部多余轮廓，完善脸部结构和描画特殊妆面使用。

图1-9　粉底膏

图1-10　粉底液

图1-11　粉底霜

图1-12　粉饼粉底

图1-13　不同颜色的粉底

3. 粉底的运用

打粉底可采用专用粉底刷或海绵（局部打底也可采用手指）。工具的选择根据每个人的喜好和化妆习惯而定，采用刷子打粉底效果薄透、有质感；而采用海绵打粉底，可轻松掌控粉底的薄厚度。

采用海绵打粉底有"弹、压、推"的手法，用力一定要适中（尤其是在脆弱的眼周围肌肤），打粉底的方向一般是由中间向四周、由下而上均匀打粉底。注意发际线、脖子、耳朵等处的衔接，不要忽视下眼睑、鼻翼、唇角等处，否则容易造成脱妆，使妆面看上去不干净（每次使用过的海绵应洗净备用，每次使用过的刷子也应清理干净备用）。有很多人在打粉底时养成了不好的习惯，即在打粉底的过程中，将皮肤向下"推、拉"，这样的手法时间久了，会造成皮肤的松弛与下垂。打粉底和美容护肤的手法相近，是由下向上给力，力度要适中。

皮肤较干或面部瑕疵较多的人宜采用"压"的手法打粉底，增加粉底在皮肤上的附着力和遮盖力。

三、定妆粉的选择及运用

定妆粉也称蜜粉或干粉，可起到固定妆面、抑制面部油光的作用，选择时要看其粉质是否细滑，是否具有较强的附着力，能否长效固定妆面，不易脱妆。选择定妆粉的颜色时要看纯透度，并要很好地结合粉底的颜色。

1. 定妆粉的选择

（1）米色定妆粉：最常使用的一种定妆粉颜色，适用于大多数人，颜色自然真实（图1-14）。

（2）黄色定妆粉：结合淡黄色底妆使用，可使较黑的面部肤色得到改善（图1-15）。

（3）淡紫色定妆粉：结合淡紫色粉底，可改善面部偏黄的肤色（图1-15）。

（4）淡绿色定妆粉：针对脸部肤色整体泛红的人，也可针对透明妆使用，提亮效果显著（图1-16）。

（5）褐色定妆粉：可在男性化妆时使用，也可用于描画特殊妆面和改善脸部结构，配合暗色使用（图1-17）。

图1-14　米色定妆粉　　　图1-15　黄色、淡紫色定妆粉　　　图1-16　淡绿色定妆粉

（6）干湿两用粉饼：可在干、湿两种状态使用，也可用于补妆（图1-18）。

2. 定妆粉的运用

扑定妆粉时可采用大号化妆刷或棉质粉扑。用化妆刷扑定妆粉效果轻薄而透气，适用于描画淡妆。采用棉质粉扑扑定妆粉，会使定妆粉结实地附着在皮肤上，能长效地固定妆面。需要注意的是，在打完粉底，扑定妆粉之前，需让模特闭上眼睛，将容易脱妆的双眼皮褶皱处理干净，再扑上定妆粉。

四、眼影的选择及运用

选择高质量的眼影能给妆面增色、生辉。选择眼影时要观察其色彩是否纯正，粉质是否细腻，是否有较强的附着力，在描画的过程中不容易脱落眼影粉，否则会影响妆面的洁净度。

1. 眼影的选择

（1）眼影膏：又称膏状眼影，质感柔滑易涂抹，色彩不如眼影粉丰富，是一种用于修饰眼部的浓稠乳膏。涂抹后眼部呈现光泽感、滋润感，加强眼部轮廓，打造立体感妆容。但容易脱妆，尤其是眼部褶皱较多的人不宜使用，适用于干性皮肤及特殊妆面（图1-19）。

（2）眼影笔：不适合大面积使用，用来强调眼部的线条和轮廓，可以达到很好的效果（图1-20）。

（3）眼影粉：在专业化妆运用较多。选择颜色纯正着色力强、不易脱粉的眼影，能充分体现眼部妆容的魅力，粉质细

图1-17　褐色定妆粉

图1-18　粉饼

图1-19　眼影膏

腻、轻盈，色彩还原度较高。眼影粉分为珠光眼影粉和哑光眼影粉两种（图1-21）。

（4）液体眼影：以闪片为主，颜色为辅，使用时不会出现飞粉的情况，可以打造出非常善良的眼妆效果（图1-22）。

图1-20 眼影笔

图1-21 眼影粉

图1-22 液体眼影

2. 眼影的运用

使用大小不同的眼影刷蘸取眼影，沿着睫毛根部向上晕或者从眼尾往内眼角方向重复涂抹晕染，直到晕染整个眼窝，注意不能留明显的分界线，眼影蘸取时要少量多次，避免出现眼影颜色堆积或结块。

（1）渐层描画方法：眼影颜色从睫毛根部开始向上描画，由深色逐渐过渡到浅色，注意颜色晕染要自然。

（2）假双描画方法：此方法适合单眼皮有皱褶的人。在眼皮皱褶合适的位置，用眼线笔轻描出一道虚线，在虚线以上做眼影的晕染。此种描画方法可增加眼部的神采。

（3）平涂描画方法：顾名思义就是将眼影颜色均匀地涂抹于上眼皮，结构大小因妆面需求而定。平涂可采用一种、两种或更多种颜色来描画。

（4）段式描画方法：在眼头、眼尾处用不同的眼影颜色，做分段式的描画，在中间凸起的眼球部分做自然色的晕染。这种方法比较适合两眼间距远的人。

（5）倒勾描画方法：此方法也称结构画法，是按照眼球的结构进行描画，在妆面中可起到加深眼部立体感的效果。

五、眉笔、眼线笔（液）、唇线笔的选择

在化妆造型中，狭义的化妆线条有眼线、唇线、眉线等。线条是化妆造型中抽象出来的一种基本造型手段，可以帮助改变和完善原有眉形、眼型和唇型。

1. 眉笔

最常用的眉笔颜色是棕色和黑色，在描画特殊妆面时也会用到灰色或彩色。在挑选眉笔时要观察其颜色是否纯正。棕色笔不能偏红或偏黄，否则描画出来的颜色不够自然、真实。在笔质的选择上要软硬适度，太硬的笔不宜着色，而太软的笔容易打腻或断掉，不利于描画（图1-23）。

2. 唇线笔

在挑选唇线笔时，要观察其色彩是否纯正，是否容易着色，笔质应软硬适度。唇线笔的颜色应与口红的色彩相搭配，一般唇线笔的颜色略深于口红的颜色（图1-24）。

3. 眼线笔

眼线笔用来加深和突出眼部的彩妆效

果，形似铅笔。在颜色的选择上与眉笔的选择大致相同，多采用黑色和棕色，适合日常妆使用，必要时在一些场合及妆容中，也可使用彩色系（图1-25）。

4. 眼线膏

眼线膏质地在固态和液态之间，质感表现力较强，上色较明显，妆效持久、自然，使用时要搭配眼线刷使用（图1-26）。

5. 液体眼线笔

液体眼线笔是当今最方便快捷描画眼线的一种产品，色彩丰富，线条浓郁流畅。在挑选时先闻一闻其是否有刺鼻的味道，另外笔尖应软硬适中。用液体眼线笔描画的眼部线条清晰、流畅，不宜脱色。但初学者不易掌握。（图1-27）。

图1-23　眉笔

图1-24　唇线笔

图1-25　眼线笔

图1-26　眼线膏

图1-27　液体眼线笔

六、腮红的选择及运用

腮红可以改善肤色，使人物面部红润、气色好，给脸部的妆容增加生动感和结构感。不同的肤色，不同的妆型，选择的腮红色调也会有所不同。恰当地晕染腮红，可以使人物的面容更加健美，富有生气。

1. 腮红的选择

（1）粉状腮红：在选择粉状腮红时，应仔细观察其粉质的细滑程度和色泽纯度，需有较强的附着力，并且容易晕染。普遍选择的颜色有桃粉色、橘色和咖啡色

（图1-28）。

（2）膏状腮红：在挑选膏状腮红时，应注意颜色是否纯正，质感是否细腻、好晕染，不应有结块和杂质。膏状腮红是在打完粉底后，扑定妆粉之前使用，可用手指肚来晕染腮红颜色（图1-29）。

2. 腮红的运用

腮红施于面部的位置很重要，不同的位置会产生不同的化妆效果。它可以很逼真地修饰出面部的红润效果，改善肤色和修饰脸型。

（1）在晕染腮红时，如果找不准颧骨的位置，可以微笑一下来找准位置。这样也可以使腮红晕染于更准确的位置上。

（2）腮红的晕染边缘要自然，色调的选择与服装的色调应该和谐。

（3）肤色偏白的人适合使用玫瑰色系和淡粉色系；肤色偏黄的人适宜选择橙色系。

（4）如果将腮红直接涂抹在脸上，会让色彩显得过于浓重，破坏整体妆容的和谐感。所以要使用腮红刷蘸取适量的腮红粉均匀地晕染。另外，也可使用粉扑将其均匀扑开，使其不会浮于肌肤表面，与肌肤自然融合。

图1-28　粉状腮红

七、睫毛膏的选择

睫毛膏的种类繁多，有防水型、拉长型、卷翘型等，可根据每个人的喜好和妆面的需求来决定选择使用哪种类型的睫毛膏。在挑选睫毛膏时，要观察其是否有明显的纤维，虽然有纤维的睫毛膏能描画出浓密的睫毛，但过多或明显的纤维会造成睫毛粘贴在一起或出现结块的现象。睫毛膏的刷头应软硬适中。使用时，将睫毛膏涂在睫毛上，待干后闭上眼睛，再睁开时观察是否会印到下眼睑处（图1-30）。

图1-29　膏状腮红

图1-30 睫毛膏

图1-31 唇膏

八、口红的选择

口红的颜色较多，在选择时应与妆面的色彩搭配，达到色彩协调、完美的妆容效果。

1. 唇膏

唇膏色彩饱和度高、颜色遮盖力强，着色效果好并且持久可以修饰唇型和唇色。唇膏分为亚光唇膏和珠光唇膏（图1-31）。

2. 唇彩

唇彩色彩浅淡，主要是赋予嘴唇光泽感，一般用于生活妆或专门为唇部提亮用（图1-32）。

3. 唇蜜

唇蜜质地为啫喱型，颜色浅淡，晶莹剔透，适合淡妆、透明妆、果冻妆等，可配合唇膏一起使用（图1-33）。

4. 唇釉

唇釉质地黏稠，与唇彩相似，但色彩饱和度较高，方便涂抹，分哑光和珠光两种（图1-34）。

图1-32 唇彩

图1-33 唇蜜

图1-34 唇釉

九、安全使用化妆品

化妆品已成为人们生活中不可缺少的产品，然而，随着化妆品种类的日益繁多，成分日趋复杂，因化妆品使用不当而引起的各类皮肤不良反应时有发生。化妆品引起皮肤不良反应的原因主要有以下四个方面：一是化妆品中含有防腐剂、芳香化合物、色素等添加成分，具有刺激作用，导致皮肤红肿，出现皮疹、脱皮，最后引起色素沉着；二是某些高营养的化妆品遭受污染，其营养物质和毛囊内分泌物成为微生物的培养基地，使细菌进入毛孔并大量繁殖，引起皮肤痤疮和毛囊炎；三是长期使用药物化妆品，药物含有的毒性在治疗各种皮肤疾病的同时也对皮肤产生一定的刺激，出现灼热、脱屑、瘙痒等症状；四是化妆品的重金属成分超标，国家标准对化妆品中的重金属有明确的限量要求，一旦使用了不合格的化妆品，将会导致重金属中毒，引发神经衰弱、乏力、烦躁、色素沉着等症状。

要安全使用化妆品，避免引发皮肤不良反应，须做到以下三点。

（1）要选用优质化妆品。好的化妆品从外观上看，应该颜色鲜明、清雅柔和、膏体均匀；从气味上辨，有的淡雅，有的浓烈，但总体纯正，无刺鼻的怪味；从感觉上体验，质地细腻，且能均匀、紧致地附着于肌肤，有滑润舒适的感觉。

（2）要妥善保管和使用化妆品。化妆品的保存温度不宜过高，否则会造成油水分离，膏体干缩；要避免阳光或灯光直射，阳光中的紫外线能使化妆品中的一些物质发生化学变化；对暂时不用的化妆品可置于低温阴暗处保存，但切忌冷冻储存，因为冷冻会使化妆品发生冻结现象，而解冻后会出现油水分离、质地变粗情况，对皮肤有刺激作用。化妆品要在有效期内使用，开封后存放的期限要短些，避免使用过程中受到污染变质。若发现化妆品出现色泽上的变化，如浑浊、灰暗、色调不均匀、霉斑等；气味异常，产生刺激性味道等；质地发生变化，如膏质化妆品出现气泡，非水质化妆品出现水分，则说明化妆品已变质，不宜使用。

（3）有九类化妆品被列为特殊用途化妆品，包括育发类、染发类、防晒类、祛斑类等化妆品。在选购这些化妆品时，必须认清卫生部的特殊用途化妆品卫生批准文号，并在专业人士的指导下使用。因为这些化妆品往往添加了特殊功效成分，刺激性大，危险性也大。

使用化妆品是为了达到清洁、护肤、美容修饰的目的，起到改变容颜、增加魅力、焕发青春的功效，因此，确保化妆品使用的安全性，预防化妆品对人体产生不良反应是十分必要的。

第三节

卸妆品选择与应用

对于经常化妆的人来说，卸妆和洗脸是护肤过程中非常重要的环节，不可马虎。卸妆工作完成得好，皮肤就会感觉到清爽、舒适；如果卸妆工作不彻底，那么久而久之，皮肤问题就会一一显现，如色素沉淀、黑斑、青春痘等不良现象发生。没有了健康的肌肤，化妆也不会达到理想的效果。

人肌肤上的污垢分两种：水溶性污垢和油性污垢。皮脂与日常生活中沾染的水溶性污垢只需用一般洗面乳就可轻易去除；而化妆品类油性污垢，除非同样用以油为主要成分的卸妆产品，否则无法清洁干净。只要你用了粉底、粉饼、遮瑕膏、眉笔、睫毛膏、眼线、眼影、唇膏、胭红等彩妆品，就必须彻底卸妆。所有含有粉质成分的防晒品，因含有相当的粉体，而且为了达到抗汗的效果，都会使用高附着力的成分，所以也要注意卸妆。一些在污染严重的环境中工作或者生活的人，即使没有化妆，也最好使用卸妆油清洁肌肤，此后再使用洗面奶。

卸妆需要用到的重要道具就是卸妆品，下面对卸妆产品和方法进行说明，需要我们仔细地揣摩各个步骤的先后顺序之间的联系以及其蕴含的知识。卸妆品的一些特点我们也将加以说明。

一、卸妆品的选择

合适的卸妆品对于保持皮肤的健康是非常重要的。面对种类繁多、功能多样的卸妆产品，应该如何挑选呢？首先我们要了解各类卸妆产品的特点，再根据自己的肤质，视肤质和化妆程度而定。

1. 卸妆产品的选择

（1）卸妆水：不含油分，根据不同的配方可分为弱清洁和强力清洁两大类。前者用来卸淡妆，使用后感觉十分清爽；后者适合卸浓妆，但容易使肌肤干燥，问题肌肤不宜长期使用（图1-35）。

（2）卸妆乳：是容易涂抹的卸妆品。它含有轻微的滋润效果，可让肌肤保持平衡的状态，使用后很容易用纸巾或水清理干净，适合中度化妆（图1-36）。

（3）卸妆凝胶：质地轻柔，用后感觉清爽又不干燥，保湿效果不错（图1-37）。

（4）卸妆膏：质地厚，有极佳的滋润效果，能让肌肤保留水分之余还多了一层保护膜（图1-38）。

（5）卸妆露：和以上卸妆产品相比则较为清爽，使用方法也较简单，多属擦拭型，外出携带较为方便（图1-39）。

（6）卸妆油：基本成分为烷烃类化合物、天然油脂、合成油脂或硅油，适用于任何肤质。以前的卸妆油在溶解粉底

图1-35　卸妆水

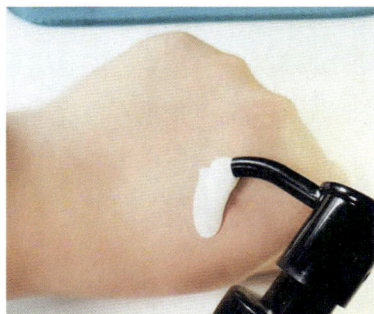

图1-36　卸妆乳

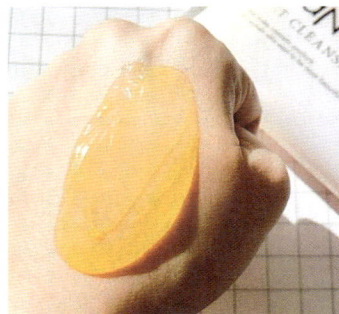

图1-37　卸妆凝胶

图1-38　卸妆膏

图1-39　卸妆露

后会呈油状，一遇水即乳化，呈白色。如果卸妆油未溶解就乳化的话，清洁效果会大打折扣，所以使用卸妆油时，请保持脸部及手部的干燥。这类产品除了可将化妆品溶解，还能深层清洁毛孔，适合卸浓妆，用后感觉滋润不油腻。现在有些卸妆油湿的手也可以使用，更受欢迎。（图1-40）。

图1-40　卸妆油

（7）卸妆湿巾：是一种新型的、极为方便的卸妆产品，集卸妆、洁面于一体，最大特点是携带方便（图1-41）。

2. 不同肤质的卸妆品选择

卸妆品的选择也要根据肤质来决定，由此可见，无论是上妆还是卸妆，都要根

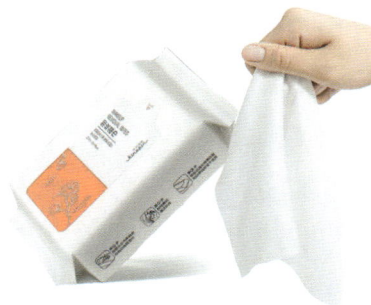

图1-41　卸妆湿巾

据个人肤质的特点选择不同的产品。

（1）缺水性肌肤：这类肌肤可选择亲水性高、含保湿因子而不含油脂的润洁乳，使皮肤不会因清洁而流失过多的水分。

（2）油性、粉刺类肌肤：这类肌肤应使用含有消炎杀菌、防腐成分的清洁乳，彻底去除皮肤污垢后，再用收缩水调理毛孔，避免因皮脂堵塞而出现撑大毛孔的现象。

（3）干燥老化性肌肤：这类肌肤适合使用维生素含量高、含植物油脂成分的清洁霜，目的是在卸妆清洁后，皮肤表面能够形成滋润性保护膜。

（4）敏感性肌肤：越是敏感性或易长痘痘的肌肤，越忌讳使用快速的卸妆法，如市面上常见的卸妆湿巾、强效快速卸妆液、免洗卸妆产品等。卸妆油是敏感性肌肤最好的选择。选择的卸妆产品应温和并具轻微消炎杀菌的功效，但绝对不应含有酒精、香料或色素。这类肌肤的润洁时间不宜过长，否则会引起皮肤发红、敏感。

卸妆是皮肤休息的开始，所以卸妆产品的使用以及卸妆进行的是否干净彻底，都会影响好皮肤的长期保持。

二、卸妆的方法

卸妆应按照从局部到整体的顺序进行，否则会造成二次污染。正确的步骤是：先用卸妆品卸眼部和唇部的彩妆，再卸眉毛的彩妆，最后是整个面部的彩妆品。卸妆后要用洗面奶再清洁一次。

洗完脸后10分钟，如果脸颊摸起来清爽、不油腻，就表明卸妆比较彻底。卸妆是否彻底，直接影响脸部皮肤的健康。所以正确的卸妆方法是彻底卸妆的重要前提（图1-42）。

图1-42　卸妆

1. 眼部卸妆

眼周围皮肤非常脆弱，需要用专门的卸妆产品，还要配合最轻柔的卸妆方法，才不会对眼周围皮肤造成伤害。具体步骤是：先将少量卸妆液倒在化妆棉上，闭上眼睛将化妆棉片轻敷在眼睑、睫毛上10~20秒；用棉片由内眼角至眼尾轻轻擦拭卸掉眼影，再卸睫毛膏。卸睫毛膏时用棉花棒蘸取少量卸妆油，由睫毛根部往梢部卸除。如果是防水型睫毛膏，可以使用水油混合的卸妆液。当睫毛膏与眼影卸除完毕后，还要仔细检查是否有未卸净的地方，以免残妆伤害肌肤。每次上妆前，在眼唇四周擦点乳液，可以减少彩妆及卸妆产品对皮肤的刺激。

2. 眉部卸妆

眉部的卸妆方法比较简单，用蘸有卸妆水的棉签轻轻擦拭即可。千万不要因为简单而省略眉部的卸妆，若眉粉没有清理干净，很可能会在你卸除面部彩妆时被揉到毛孔内，造成毛孔堵塞。

3. 唇部卸妆

嘴唇是化妆品停留时间最长的部位。如果没有很好地卸妆，长期积累在嘴唇缝隙中的口红会渐渐阻碍肌肤正常工作、呼吸，使唇色加深变黑，甚至导致唇部肌肤纹路加深，尤其唇部没有油脂分泌腺，彩妆卸除不干净，污垢不会经由肌肤分泌的油脂自动掉落，久而久之，嘴唇便会出现老态。正确的唇部卸妆方法是：用施有卸妆品的棉片盖在唇上约3秒，而后由两边向中间擦拭，反复2~3次，直到化妆棉上没有口红颜色为止。唇线这种线条较深的

彩妆，可用棉签蘸取卸妆产品，按轮廓轻轻擦拭。一般眼部卸妆品也可用于唇部。

4. 面部卸妆

倒一些卸妆品在掌心，用无名指肚把卸妆品均匀地涂满脸庞。正确的涂抹方法是：鼻子两侧上下滑动，其他部位由内向外以画圈的方式轻揉，待污垢完全与卸妆品融合后再擦掉或冲洗掉，最后用洗面奶洗净即可。需要注意的是，洗脸时应用温水（一般水温在38~40°C比较适宜，因冷水对油脂的洗净力差，而热水又会过度去除皮脂膜，易使皮肤干燥、敏感）；洁面后最好再用冷水轻敷，以达到收敛毛孔的作用。

第二章

化妆色彩构成

课题名称： 化妆色彩构成

课题内容： 1. 色彩基础知识

　　　　　　　2. 光色与妆色

课题时间： 2课时。

教学目的： 了解色彩基础知识及在化妆中常用的色彩搭配，引导学生将色彩更好地与化妆相结合。

教学方式： 讲授法、讨论法

教学要求： 1. 引导学生了解色彩的基础知识。

　　　　　　　2. 引导学生了解化妆中常用的色彩搭配 。

　　　　　　　3. 引导学生如何在化妆中正确地使用色彩搭配。

课前（后）准备： 课前查阅资料预习，课后以纸妆图、绘画形式巩固课题内容。

第一节

色彩基础知识

一、色彩的分类

色彩可以分为无彩色系和有彩色系。

1. 无彩色系

无彩色系是指黑色、白色和由黑白两色调合形成的各种深浅不同的灰色（图2-1）。

2. 有彩色系

有彩色系是指色环谱上的红、橙、黄、绿、青、蓝、紫及其不同色相、明度、纯度变化的颜色（图2-2）。

二、原色、间色和复色

色彩是丰富多样、变幻无穷的。但是无论颜色怎么变化，有三种颜色是无法用其他颜色调配出来的基本色，即原色。原色和原色混合可产生间色，一种原色和一种间色混合又可产生复色。

1. 原色

原色是指红、黄、蓝三种颜色。这三种颜色是不能用其他任何颜色混合调配出来的（图2-3）。

2. 间色

间色是由两种原色调配出来的颜色。比如红色与黄色可调配成橙色，黄色和蓝色可调配成绿色，蓝色与红色可调配成紫色。橙色、绿色、紫色这三种颜色

图2-1 无彩色系

图2-2 有彩色系

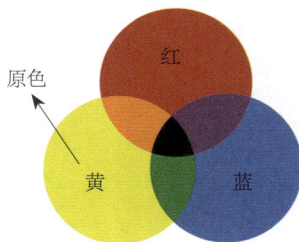

图2-3 原色

就是间色。在调色时，原色量的不同可以产生不同的间色变化（图2-4）。

3. 复色

复色是用原色与间色相调而成的颜色，是在原色与间色之间的颜色。复色千变万化，丰富多样，如黄绿色、蓝紫色、橙红色等（图2-5）。

三、色彩的三要素

色彩的三要素包括色相、明度、纯度。

1. 色相

色相是区分色彩的主要依据，是色与

色之间的差别所在，即色彩的"相貌"，如我们所识别的红、橙、黄、绿、青、蓝、紫基本色和其他色（图2-6）。

2. 明度

明度是指色彩的明暗程度，即色彩在明暗、深浅上的不同变化（图2-7）。七种基本色按明度高低排列：黄色、橙色、绿色、红色、青色、蓝色、紫色。

3. 纯度

纯度是指色彩的饱和度、鲜艳度，是指颜色中不加入其他颜色。色彩的明度越高或者越低，都会降低色彩的饱和度（图2-8）。

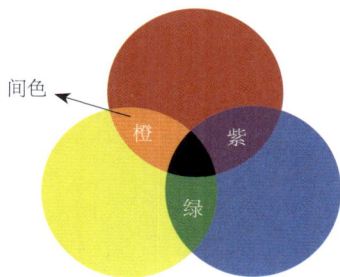

图2-4　间色

图2-5　复色

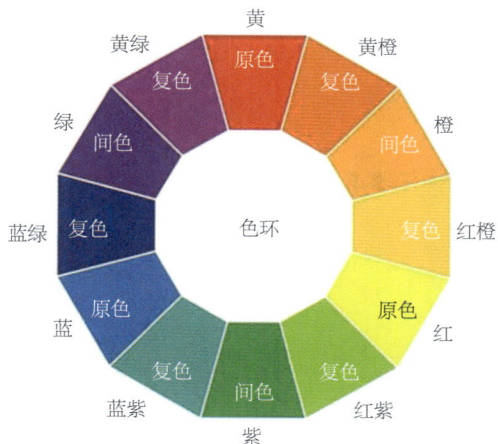

图2-6　色相

同一颜色之间的明度变化

不同颜色之间的明度变化

图2-7　明度

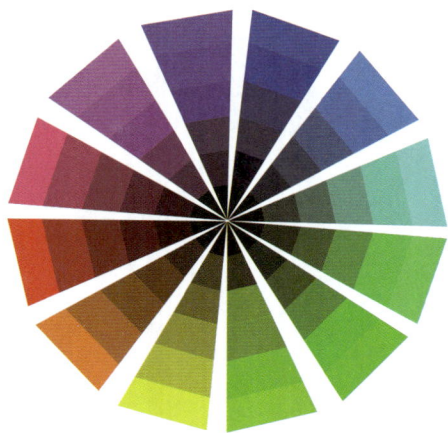

图2-8　纯度

四、色彩的情感作用

大自然中不同的色彩变化，能够使人们产生不同的心理感受。色彩具有情感特征，会让人们对不同的颜色产生不同的情绪与情感。对于这一点，在化妆实践中，化妆师可以利用色彩的情感作用来赋予妆面造型新的概念，以增强化妆造型的表现力（图2-9）。

色彩的情感，其实是人们赋予了色彩的某种含义和象征，从而影响人们对于色彩的感受。例如，白色给人以纯洁高雅的感觉；绿色给人以青春、和平、欣欣向荣的感觉；红色给人以温暖、热烈、奔放的感觉；蓝色给人以宁静、朴素、清爽的感觉；黑色则给人以庄严、压抑与肃穆的感觉（图2-10）。但是有些颜色在不同的民族、不同的传统文化中会有不同的象征。例如，黑、白两色在中国的许多地方是人们悼念逝者时所穿服装的颜色，但是在有些国家却被视为高雅、庄重的礼服用色。因此化妆时，需要充分考虑妆型所表现的时间、场合、环境、人物特点、服装等因素，结合富有情感作用的色彩，使其妆型更具表现力。

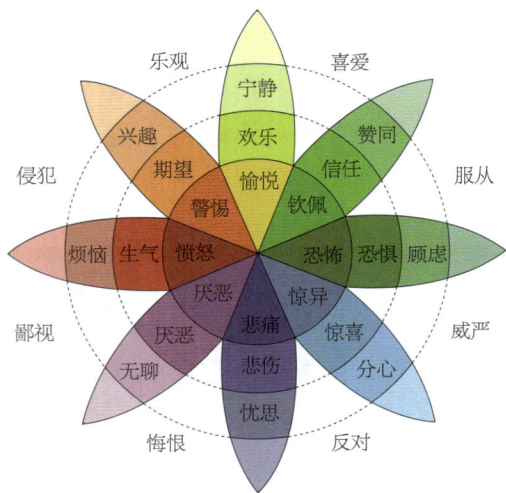

图2-9　色彩与情绪

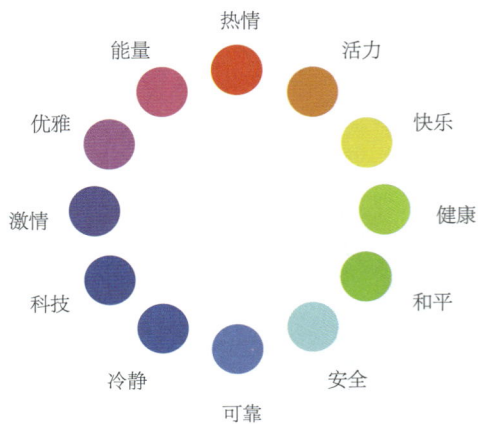

图2-10　色彩的情感

五、色彩的对比搭配

1.色彩明度对比

明度对比是指使用的色彩在明暗程度上产生的对比效果。化妆造型离不开色彩，而明度对比是在化妆造型中最能强调立体效果的一种，即利用深浅不同的颜色增强面部的立体感。明度对比有强弱之分，强对比效果醒目、强烈、立体感增强。弱对比则自然、柔和（图2-11）。

2.色彩纯度对比

纯度对比是指运用不同纯度的色彩相互搭配。纯度对比越强，所呈现的妆面效果就越鲜艳明丽。在化妆造型中，使用纯度对比的色彩搭配时，要分清色彩的主次关系，以避免产生凌乱、模糊的妆面效果（图2-12）。

（1）同类色对比、邻近色对比。同

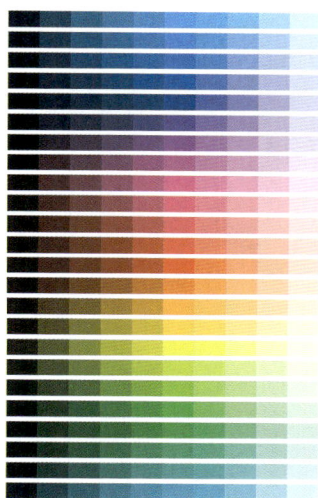

图2-11　色彩明度对比

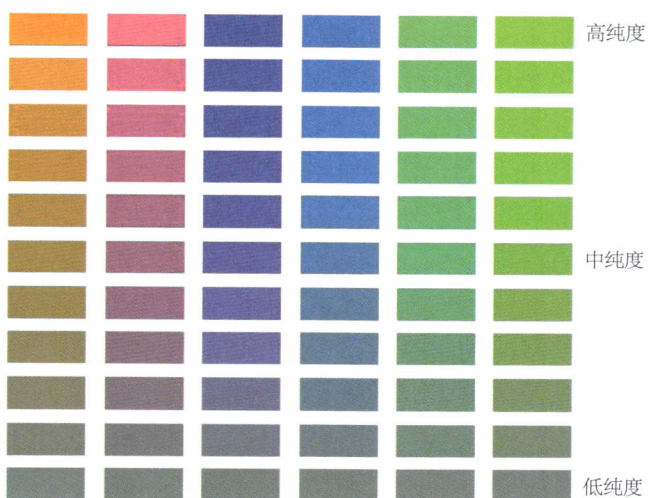

图2-12　色彩纯度对比

类色对比是指在同一色相中，色彩的不同纯度与明度的对比。邻近色对比则是指色环谱上呈45°的颜色。例如，绿与黄、黄与橙的对比等，这两种对比都属于弱对比色，对比效果柔和（图2-13）。

（2）互补色对比、对比色对比。互补色对比是指在色环谱上呈180°的两个颜色，如红与绿、黄与紫、蓝与橙色的对比；对比色对比是指在色环谱上呈120°的两个颜色。这两种都属于强对比色，对比效果强烈（图2-14）。

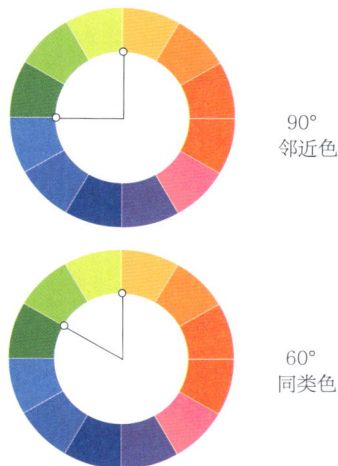

90°
邻近色

60°
同类色

图2-13　邻近色、同类色对比

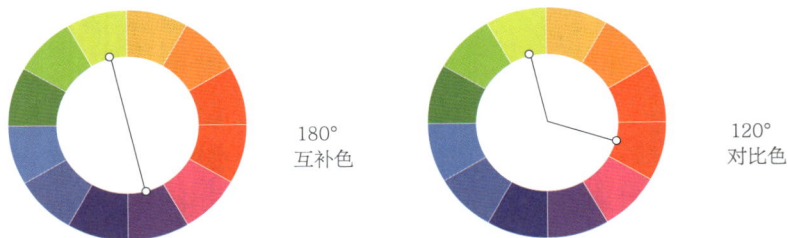

図2-14　互补色、对比色对比

180°
互补色

120°
对比色

第二节

光色与妆色

光在化妆的整个过程中起着十分重要的作用。有些化妆间的灯光照明不好，或许因为采用了暖色灯而不是日光灯，这样会影响化妆师对色彩的正确判断。只有在日光灯下，才能真实还原色彩的明度和纯度，而暖色灯能起到修饰作用，适合拍照等工作使用。将暖色灯用于化妆间，会给化妆师在妆面色彩的运用及把握上增加难度。下面会依次讲到光色与妆色的关系，以及针对在不同的光色下的化妆技巧。

一、光的基本常识

从物理学的角度来看，一切物体的颜色都是光线照射的结果（图2-15）。在白色光源下呈现的颜色称为固有色；在有色光线照射下的物体呈现的颜色被称为光源色。相同的物体在不同的光线照射下会呈现不同的色彩变化，例如，同是阳光，早晨、中午、傍晚的颜色是不同的，早晨的

光色偏黄或偏红；中午的光色偏白；而傍晚时的光色偏橙红或偏红。同样，光线的颜色也可以直接影响化妆的颜色。在这里，光源色对于化妆造型极为重要。光源可以是自然光，即阳光。自然光的特点是：比较柔和，不强烈。光源也可以是人造光，即灯光、烛光。人造光的特点是：可以根据不同的设计变化光色和投照的位置。在化妆时，如果光色发生了变化，那么在光投照下的妆色也会发生不同程度的变化。

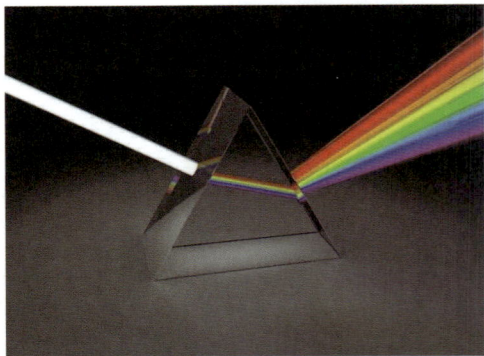

图2-15　光线照射

二、光色与妆色的关系

光色依色相可以分成冷色光与暖色光，不同的冷暖色光可以使相同的妆色产生变化（图2-16）。暖色光照在暖色的妆面上，妆面的颜色会变浅，效果比较柔和；冷色光照在冷色的妆面上，妆面则显得艳丽。例如，蓝的光照在紫色的妆面上，妆面效果更加冷艳；暖色光与冷色妆面、冷色光与暖色妆面都会产生模糊、不明朗的妆型效果。又例如，蓝色光照在橙红妆面上或橙红色光照在蓝色妆面上，都会使妆型显得浑浊。

化妆造型时，要根据展现妆型的光色条件来选择所使用的妆色。

三、常见光色对妆面产生的影响

1. 红色光源

在红色光源下，红色、橙色与黄色等偏暖的妆色会变浅、变亮，妆型依然亮丽、醒目；如果红色光照在蓝、绿、紫等冷色妆面上，妆色就会显得暗沉。

图2-16 光色

2. 蓝色光源

在蓝色光源下，红色、棕色等妆色都会变暗，接近黑色；蓝色与绿色的妆面会变得鲜亮，黄色妆面则变成暗绿色。

3. 黄色光源

在黄色光源下，暖色妆面会显得更加明亮，红色愈加饱和，橙色接近红色，黄色接近白色，绿色成为黄绿色；而冷色系的蓝色与紫色成为暗黑色，浅淡的粉红则显得艳丽。

如果化妆时不考虑妆色所展示的光色环境，通常会使完美的妆色变得丑陋或滑稽。因此要根据光色选择妆色。

四、不同光色下的化妆方法

1. 红色光下的化妆方法

红色光可以使妆面颜色变浅，立体感和层次感不突出。所以在化妆时，要强调刻画面部的立体结构，充分利用好阴影色与高光色，使轮廓突出，这样在红色光的照射下，面部也不会显得过于平淡。

2. 蓝色光下的化妆方法

蓝色光会使红色系的妆面变暗而成为紫色。因此，在化妆时用色要浅，口红可以使用偏冷的颜色。

3. 黄色光下的化妆方法

黄色光柔和，起到修饰作用的同时会使妆色变浅。因此，在化妆时妆面的用色可以相对浓重一些。

4. 强光下的化妆方法

强光的照射会使一切妆色变得浅淡且

显得苍白，所以在化妆时要刻意地加强对五官的描画，强调出五官的清晰度。

5. 弱光下的化妆方法

弱光的照射会使妆面显得模糊不清楚，所以在妆面的描画中，要去强调面部线条与轮廓的清晰，可以多使用高光色和闪亮的颜色来突出面部的立体感。

化妆与光的关系除了灯光外，还有自然光。由于自然光是比较常见的光，相对容易掌握，所以本书只着重讲解人造光源与化妆的关系以及针对不同光纤条件采用的化妆方法。

第三章

3 美容化妆基础知识

课题名称： 美容化妆基础知识

课题内容： 1.美容化妆的概念

　　　　　　2.化妆用具的认识及应用

　　　　　　3.化妆的基本步骤

课题时间： 2课时。

教学目的： 正确认识化妆、化妆用具以及化妆的基本步骤，引导学生对美容化妆树立正确的认识观。

教学方式： 讲授法、讨论法

教学要求： 1.了解什么是美容化妆。

　　　　　　2.正确认识和使用化妆用具。

　　　　　　3.通过学习，引导学生正确认识美容化妆。

课前（后）准备： 课前通过查阅资料预习课题内容。

第一节

美容化妆的概念

一、美容化妆的基础概念

所谓美容化妆，是指人们在日常的社会活动中，以化妆品及艺术描绘的手法来装扮美化自己，以达到美化容貌、增强自信和尊敬他人的目的。"化妆"一词本身就含有"装饰艺术"的意思，即人们可以通过化妆品和描绘的技巧，把面部本身的优点加以发扬，弥补某些不足。

美容化妆作为个体活动的同时，还具有广泛的社会性。每一个历史阶段，人们的道德、伦理和社会风俗习惯都会对化妆产生很大的影响。例如，我国长达几千年的封建社会，夫权思想盛行，女性的地位极其低微，美容化妆在"男尊女卑"的思想影响下，呈现出矫揉造作，或刻意雕琢，或流于浮华的特征。随着社会的进步，女性要求在社会中与男人享有平等的地位，在化妆中越来越符合自身特点，突出个性表现。这些已然成为当今美容化妆的主流。现在人们对环境的保护意识逐渐增强，渴望回归自然，天然成分的化妆品和自然的化妆手法也是当今美容化妆的重要特征。随着社会交往的日益频繁，美容化妆不仅可以达到美化容貌、增强自信的目的，而且表现为一种对他人的礼貌和尊重。这种礼貌和尊重在社会交往中越来越受到广泛重视，美容化妆也随着社会的发展具有了更丰富的内涵。

二、化妆的类别

化妆根据其展示空间的不同分为两大类，即生活化妆和艺术化妆。生活化妆主要是在日常生活中用于弥补不足，美化容貌，展现个性风采；艺术化妆主要以表演和展示为目的，包括影视化妆、舞台化妆、创意化妆、摄影化妆等。

生活化妆可分为淡妆和浓妆两大类。化妆的淡与浓主要取决于展示场景的照明条件。如果在自然光线或接近自然光线的人工照明下，化妆的用色要浅淡典雅，描画要自然真实，故称淡妆；如果在晚间由钨丝灯或其他艺术灯光照明，化妆的用色和描画就需要浓艳些，装饰性要强些，这种妆型统称浓妆。淡妆与浓妆各自有不同的特点。

淡妆，是日常生活中常见的化妆手法。淡妆妆色清淡典雅，自然真实，仅对面部进行轻微修饰与润色。从某种意义上来讲，化生活淡妆难度较大，因为其既要基本不显露化妆痕迹，又要达到美化的效果。淡妆依据不同的场合和衣着又分为多种形式。例如，在家中，可以施以朴实优美的淡妆；去上班，可以施以简洁明快的淡妆；若外出旅游，可以施以色彩自然的淡妆等。但无论何种表现形式，清淡、自然是淡妆最本质的特征。

浓妆，又称晚妆，妆色浓而艳丽，层次比较分明，明暗对比略强，色彩搭配丰富协调，强调色突出。五官描画有适度夸张，面部凹凸结构可进行调整，做到扬长避短，掩盖和矫正面部的不足。浓妆在风格和形式上也要随所处场合和环境的不同而改变。参加舞会，就要求妆色艳丽而略有夸张；出席宴会，就要施以大方、端庄的晚妆；新娘的妆容则要在突出喜庆气氛的同时，充分展现女性的典雅、柔美。

三、化妆的功能与特性

1. 化妆的作用

社会的不断进步为人们追求理想的美创造了良好的条件。在现代生活中，人们追求的美，应该是科学的美、健康的美。只有这样，才能使美更加持久和深入。化妆的作用主要表现在以下三个方面。

（1）美化容貌。人们化妆的直接目的是美化自己的容貌。通过化妆，可调整面部皮肤的色泽，改善皮肤的质感。例如，黑黄色皮肤可显得光洁白皙；苍白的皮肤可显得红润健康；粗糙的皮肤可显得细腻光滑。通过化妆，还可使面部五官更生动传神。例如，眼睛通过描画眼线和涂眼影等，显得明亮而富有神韵；嘴唇通过涂口红显得红润而饱满；眉毛通过修饰显得整齐而生动。总之，通过化妆，可突出个性，表现活泼开朗、文静庄重等内在的性格特征。

（2）增强自信。化妆是对外交往和社会活动的需要。常言道："自信的人才美。"可见美本身就包含着自信的因素。化妆在为人们增添美感的同时，也为人们带来了自信。随着社会交往的日益频繁，化妆的作用显得越来越重要。在外事活动中，适度的装扮代表着国家形象；在一些商务活动中，一个人的衣着打扮代表了所在公司或企业的形象，衣着不整、容貌不洁会使对方对你所在的公司或企业失去信任，甚至会给企业带来不必要的损失；在交通、旅游等服务行业的工作人员，适度化妆会给人精神饱满的感觉，是高质量服务的组成部分；在日常生活中或逢喜庆佳节时，因精心装扮而倍加自信的人们，会为生活和节日增添幸福愉快的气氛。

（3）弥补缺憾。完美无瑕的容貌不是每个女性都可以拥有的，通过后天的修饰来弥补先天的不足，使自己更漂亮，是每个女性追求与渴望的，而化妆便是实现这一愿望的重要手段之一。化妆可通过运用色彩的明暗和色调的对比关系造成人的视错觉，从而达到弥补不足的目的。例如，通过化妆，小眼睛可以显得大而有神；较塌的鼻子可以显得挺拔；不够理想的面型可以得到改善等。当然，化妆并不是全能的，对一些太过突出的缺陷是无法修补的。

2. 化妆的特点

美容化妆与舞台、戏剧化妆不同，它服务于生活，更接近于生活，主要有以下几个特点。

（1）因人而异。俗话说"千人千面"，每个人都有各自的特点。美容化妆是以个人的基本条件（主要指容貌上的）为基础的。个人的基本条件是选择化妆品和技术手法的决定性因素。例如，皮肤较粗糙的人，要选用细腻、遮盖力强的粉底；皮肤较黑的人，应该避免使用浅色的粉底。东方人与西方人分属不同种族，面部结构以及肤色都不相同，在用色和化妆手法上都有很大差异。

美容化妆还需要考虑年龄情况。年轻人皮肤富有弹性，表面光滑，因此施粉要薄，用色要淡；中年人皮肤弹性开始变弱，而且有轻微的皱纹出现，皮肤显得暗淡，在化妆时要注意技巧，以求遮盖松弛的部位。除此之外，不同的性格、职业、气质等都是化妆需要考虑的因素。化妆的这一特性要求美容化妆师要有敏锐的观察力，对于化妆对象要有较多的了解。

（2）因地而异。在不同的场合和照明条件下化妆的效果是大不相同的，有时甚至会产生相反的效果。用太白或偏红颜色的粉底修饰眼、眉，并且对眼、眉、面颊等部位的修饰要细致柔和。原因是容易在明亮的光线下暴露修饰痕迹。还有，大量的浅蓝色反射光线环境中，如红色用多了，妆容会变成紫色；在晚上，由于室内是灯光照明，化妆用色可以浓重一些，面部各部位的描画可以适当夸张些，特别是在钨丝灯光下，可大胆用色。

由于地域的不同，人的皮肤状况和容貌也不尽相同，因而采用的化妆色彩以及局部描画的方法也不相同。例如，寒冷地区的人所采用的化妆品及化妆技法，在炎热地区就不一定适用。

（3）因时而异。由于每个时代人的精神面貌和社会风尚不同，化妆的形式也因此而千变万化。社会的风尚对化妆的影响很大。社会潮流的变化往往很快地反映在发型、化妆和服饰上。

3. 化妆的基本原则

（1）扬长避短的原则。化妆是以化妆品及艺术描绘手法来美化自己，而这一美化是建立在原有容貌的基础之上的，其目的是既要保持原容貌的特征，又要使容貌得到美化。在化妆中必须充分发挥原面容的优点，修饰和掩盖其不足之处，这是化妆的重要原则，在化妆中要准确把握。这就要求美容师要仔细观察化妆对象的容貌，分析其优缺点，然后拟订出发挥优点、弥补缺点的化妆方案。在此基础上，还要根据环境、服装等特定条件着手进行化妆，这样方能得到扬长避短的效果。

（2）自然真实的原则。对于淡妆来说，自然、真实是容易理解的；但对于浓妆来说，这样的要求似乎难以理解。的确，浓妆要求有适度的夸张，但夸张是要有限度的，自然真实的原则便是夸张时所应把握的"度"。要把握好这个"度"，就要将本色美与修饰美有机地结合，使本色美在修饰美的映衬下变得更为突出。

（3）突出个性的原则。大千世界"千人千面"，突出个性的原则就应做到"千面千妆"。也就是说，每个人的容貌都不相同，因而每个人化的妆也应有所区别，这一区别反映出的是人与人的个性差异。成功的化妆就是要因人而异，体现出个性特征。个性特征既包括外部形态特征，也包括内在性格特征。

（4）整体协调的原则。化妆应注意整体的搭配。一方面，妆面的设计、用色应与化妆对象的发型、服装及服饰相配，使之具有整体的美感；另一方面，在造型化妆设计时，还应考虑化妆对象的气质、性格、职业等内在的特征，取得和谐统一、内外一致的效果。

化妆用具的认识及应用

化妆用具的种类丰富多样，对应的作用与其所应用的部位也各不相同。"工欲善其事，必先利其器"，想要化好妆，化妆用具要选好，可见化妆用具的重要性。

一、化妆海绵

化妆海绵是涂抹粉底的用具，使用它涂抹粉底时粉底更容易涂抹均匀，这样可使粉底与皮肤贴合得更紧密。化妆海绵形状多样、细腻柔软，可根据个人的习惯和爱好进行选择（图3-1）。

使用方法：使用前先将化妆海绵用水浸湿，然后把多余的水分拧掉，使其呈微潮的状态。因为微潮的化妆海绵会使粉底更服帖于皮肤，这样妆面效果会更自然、通透。

二、粉扑

粉扑用于拍定妆粉，一般呈圆形。专业化妆师使用的粉扑背后有一半圆形夹层

（图3-2）。

使用方法：使用时蘸取适量散粉，在粉扑上搓匀后，轻轻按压面部。化妆师还可用小拇指勾住粉扑进行化妆，防止手蹭花妆面。

图3-1　化妆海绵

图3-2　粉扑

三、修眉刀

修眉刀用于修整眉形及多余的毛发（图3-3）。

使用方法：将眉毛周围皮肤绷紧后，刀片与皮肤呈45°，贴紧皮肤将多余毛发剔除干净。

图3-3　修眉刀

四、眉剪

眉剪是修整眉形的用具。特别长的眉毛会遮挡已修好的眉形，这时，需要用眉剪修剪多余的长度（图3-4）。

使用方法：左手持睫毛梳梳理好眉毛，右手持眉剪进行修剪。

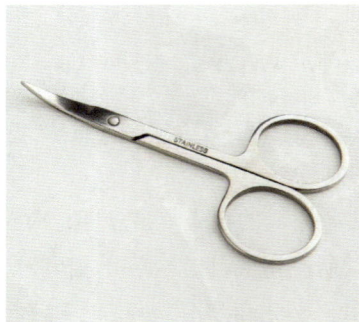

图3-4　眉剪

五、睫毛夹

睫毛夹可使睫毛弯曲上翘。睫毛夹的头部呈弧形，在挑选睫毛夹时应注意要与眼睑的弧度正好相吻合（图3-5）。

使用方法：粘贴假睫毛之前先将睫毛根部置于睫毛夹啮合处，再将睫毛夹紧，注意力度不要太大。操作时从睫毛根部、中部和顶端分别夹至弯曲。睫毛夹固定在一个部位的时间不要太长，一般在10秒钟左右，以免使弧度过于生硬。

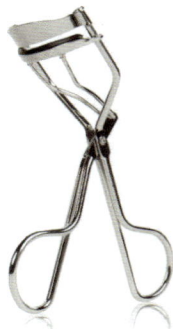

图3-5　睫毛夹

六、假睫毛

假睫毛可增加睫毛的浓度和长度，粘贴后可以美化眼睛，有放大眼睛、增添眼睛神采的作用（图3-6）。

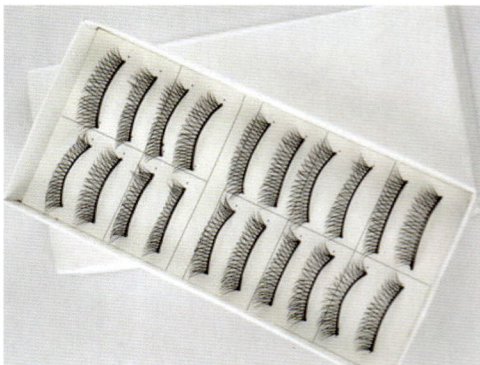

图3-6　假睫毛

使用方法：使用假睫毛前要先对其进行修剪，然后用睫毛胶将假睫毛固定在睫毛根部，根据眼型整段或分段粘贴。

七、美目胶带

美目胶带是用于矫正眼型的化妆用具（图3-7）。

使用方法：根据不同眼型需要，将美目胶带修剪成不同的弧形，贴于上眼睑合适的位置。

八、化妆套刷

化妆刷是化妆最重要的用具，每支化妆刷都有各自的用途（图3-8）。

1. 扇形刷

扇形刷用来扫除脸部多余的毛发和粉质，保持妆面干净（图3-9）。

2. 定妆刷

定妆刷用于扫蜜粉，减少妆面的油腻感（图3-10）。

3. 轮廓刷

轮廓刷用于修饰面部的轮廓，是调整脸型的化妆用具（图3-11）。

使用方法：用蘸有阴影色或光影色的轮廓刷在面部的凹凸部位进行涂刷和晕染。

4. 腮红刷

腮红刷用于修饰脸部立体和色调（图3-12）。

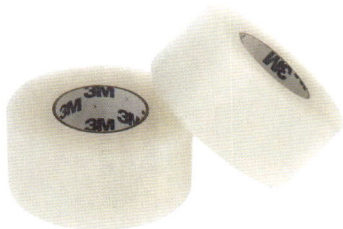

图3-7　美目胶带

图3-8　化妆套刷

图3-9　扇形刷

图3-10　定妆刷

图3-11　轮廓刷

图3-12　腮红刷

5. 粉底刷

粉底刷用于涂抹粉底液，打造自然底妆（图3-13）。

6. 眼影刷

眼影刷是晕染眼影的工具，可使眼影的晕染效果自然柔和（图3-14）。

7. 眼影海绵棒

眼影海绵棒是涂抹眼影的工具，分单头和双头两种（图3-15）。用眼影海绵涂眼影可以使眼影粉与皮肤更加服帖，上色饱和度较高。

8. 眼线刷

眼线刷用于描画勾勒眼线（图3-16）。一般来说，眼线膏和水溶眼线粉可以通过眼线刷来描画。

9. 眉扫

眉扫是描画眉毛的用具，扫头呈斜面状（图3-17）。用眉扫画眉一般比较自然柔和。

10. 睫毛梳和眉刷

睫毛梳是通过眉剪修整眉形的，也可以梳理睫毛。眉刷是整理眉毛的用具，形同牙刷，毛质粗硬（图3-18）。

11. 螺旋刷

螺旋刷用于梳理眉毛（图3-19）。

12. 唇刷

唇刷用于涂抹唇膏（图3-20）。用唇刷涂唇膏比较均匀且饱满。

图3-13　粉底刷

图3-14　眼影刷

图3-15　眼影海绵棒

图3-16　眼线刷

图3-17　眉扫

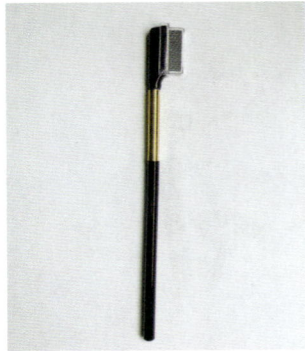

图3-18　睫毛梳和眉刷

图 3-19　螺旋刷

图 3-20　唇刷

化妆的基本步骤

化妆师在化妆前应做好充分的准备，如果准备不充分，操作时手忙脚乱，影响化妆的效果。为使化妆能顺利、有序地进行，需做好化妆前的准备工作。

化妆师应先将化妆镜台灯打开，并将化妆用品整齐摆放在化妆台上，在化妆对象坐下后，将其头发拿鸭嘴夹或者皮筋固定，避免化妆品弄脏头发或者因头发遮挡而影响化妆。化妆师应站在化妆对象的右侧进行化妆。同时，化妆师还要观察化妆对象的面部五官特点，为化妆效果奠定良好的基础。

化妆是对面部整体的美化和修饰，要特别注意化妆的步骤。也就是说，要清楚先做什么，后做什么。化妆步骤的前后顺序将直接影响化妆的效果和妆面整体的协调。

一、清洁皮肤

清洁皮肤可使皮肤处于干净清爽的状态，令妆面自然通透，不易脱妆。清洁皮肤包括两部分，即卸妆和清洗。对于化过妆的面部要先卸妆再清洗。化妆前的洁肤工作一定要认真细致。若清洁不干净，不仅影响妆面效果，还会影响皮肤的健康（图3-21）。

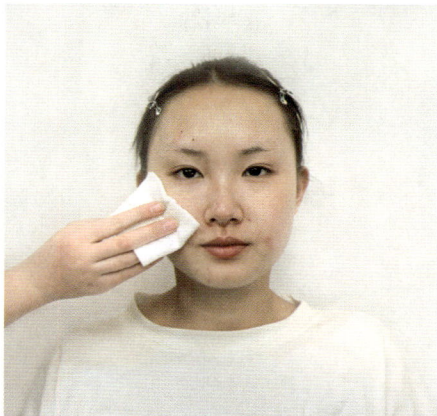

图 3-21　清洁皮肤

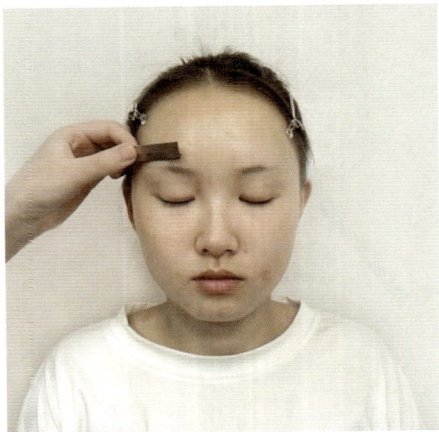

图 3-22　修眉

二、修眉

在清洁后的皮肤上修眉。清洁后的皮肤没有涂抹任何化妆品，可为修眉提供便利条件（图 3-22）。

三、润肤

润肤后的皮肤容易上妆，妆面更自然服帖；并且润肤霜可将皮肤与化妆品隔离，从而在皮肤表层形成保护膜，达到保护皮肤的作用（图 3-23）。

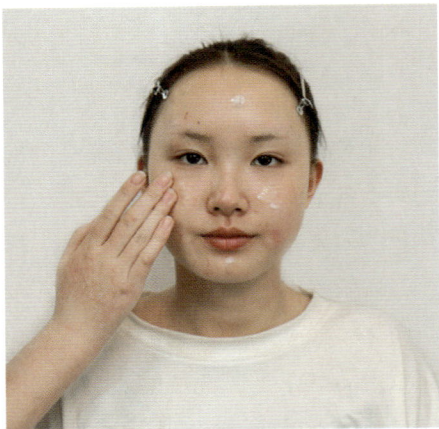

图 3-23　润肤

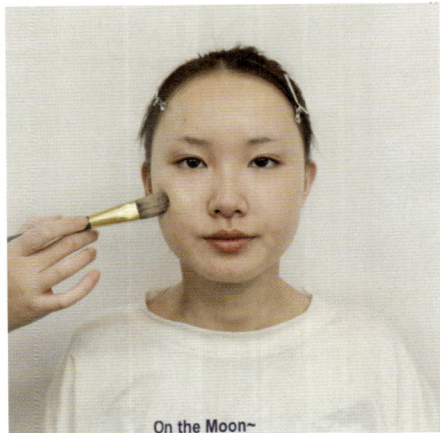

图 3-24　涂抹粉底

四、涂抹粉底

涂抹粉底是化妆中很关键的一个步骤，不仅要对整体面色进行修饰，还要通过深浅对比使面部更加立体。另外，涂抹粉底还需要注意手法和力度（图 3-24）。

五、定妆

　　定妆是将蜜粉扑在涂过粉底的皮肤上，这样不仅可以使妆面持久，还可以吸收汗液和油脂，使皮肤显得细腻清爽。操作时，用蘸有蜜粉的粉扑或刷子在皮肤上拍扫，最后用扇形刷将多余的蜜粉扫掉（图3-25）。

图3-25　定妆

六、画眉

图3-26　画眉

　　在化妆过程中，画眉和画眼睛顺序是可以根据自己的喜好和模特的特点进行调换的。初学者一般是按照从上到下的顺序（图3-26）。

七、画眼影

　　画眼影是通过色彩来修饰和美化眼睛。眼影所用的色彩要与整体妆面色彩、服饰相协调（图3-27）。

图3-27　画眼影

图3-28　画眼线

八、画眼线

画眼线要在画眼影之后，这样可以保持眼线的清晰和流畅。有时，也可在画眼影之前画一层内眼线，增加眼睛的神韵（图3-28）。

九、涂睫毛膏

涂睫毛膏可以增加眼睛的神采。睫毛膏在没干透时容易蹭在眼周皮肤上弄脏妆面，如果不慎将睫毛膏蹭在皮肤上，待其干后，可用棉棒蘸少量粉底或者蜜粉将其擦掉（图3-29）。

图3-29　涂睫毛膏

图3-30　涂腮红

十、涂腮红

腮红的选择应根据眼影颜色来确定（图3-30）。

十一、涂唇膏

唇膏色和唇膏质地要根据整体的妆型色调来确定（图3-31）。

图3-31　涂唇膏

十二、妆面检查

妆面完成后，需要认真检查妆面的整体效果，如发现问题需要及时修整（图3-32）。

图3-32　妆面检查

第四章

面部局部化妆
修饰方法与技巧

4

课题名称：面部局部化妆修饰方法与技巧

课题内容：1. 眉毛的修饰　　　　2. 眼睛的修饰

　　　　　3. 面色的修饰　　　　4. 面颊的修饰

　　　　　5. 鼻部的修饰　　　　6. 唇部的修饰

课题时间：12课时。

教学目的：正确认识皮肤、化妆品以及化妆用具，引导学生提升自己的专业技术和审美
　　　　　意识。

教学方式：讲授法、演示法、讨论法

教学要求：1. 了解面部局部的标准形状和位置。

　　　　　2. 了解面部局部的修饰技巧。

　　　　　3. 通过学习，提升学生的专业技术。

课前（后）准备：课前通过查阅资料预习课题内容，课后以实操作业形式巩固课题内容。

第一节

眉毛的修饰

从美容化妆的发展过程可以知道，眉毛的修饰在我国有着非常悠久的历史，对眉毛的美化从古至今在化妆中都占有极其重要的位置。一直以来，人们对眉毛的美化如此重视，是有一定道理的。

眉位于眼睛上方，附着在肌肉和眉骨上，由于它距眼较近，对五官、脸型的修饰作用较为突出。人们常说，眼睛是心灵的窗户，但如果没有眉毛的映衬，眼睛的神采也会大打折扣。剃掉眉毛的人，无论多美都会显得怪异可笑，整体的容貌也会随眉毛的消失而发生变化，尤其会使眼睛失去原有的神采。眉毛会随表情的变化而产生定的位移，如上扬、紧蹙等，表达人们的情感与情绪，所以不同的眉形可以体现出人的个性特点，如粗黑的浓眉使人显得刚毅和坚强；高挑的眉毛使人显得精干；细弯的眉毛使人显得柔弱。由此可见，眉毛的修饰对于容貌是非常重要的。

眉毛的美化与修饰一般分为两个步骤来完成，即修眉和画眉。

一、修眉

修眉时要利用修眉用具，将多余的眉毛去除，使眉毛线条清晰、整齐和流畅，为画眉打下一个良好的基础。修眉首先要确定哪些眉毛是多余的，这对于初学者来说非常关键。为此，应了解眉毛的形状构成。标准的眉分为眉头、眉峰和眉尾三部分（图4-1）。眉头是眉的起始点，靠近鼻根部；眉峰是眉的最高点，大约在整条眉靠近眉头的2/3处。从眉头到眉峰的这段眉粗细无太大变化，从眉峰到眉尾的这段眉开始变细，高度下降。

修眉根据所使用工具的不同而有不同的方法。一般来说有三种方法：拔眉法、剃眉法和剪眉法（图4-2）。

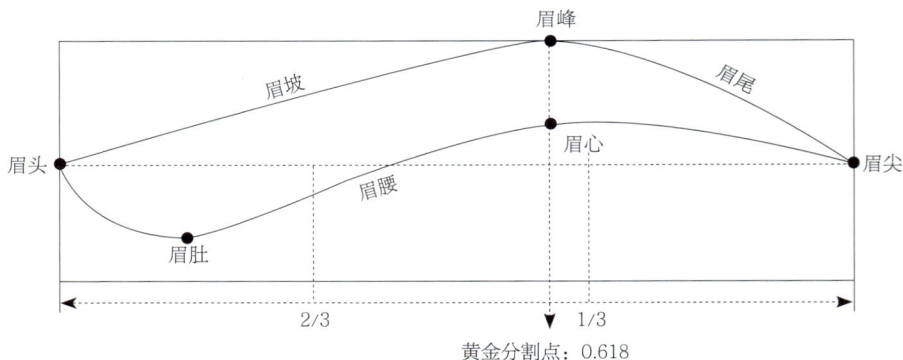

图4-1　标准眉形

确定标准眉的位置后进行眉毛的修剪：先去除眉毛上边缘部位多余的杂眉，再去除眉毛下边缘与眼睛之间部位多余的杂眉，最后用眉剪修剪过长的眉毛，完成标准眉形的修剪（图4-3）。修眉的效果如图4-4所示。

（a）拔眉法　　　　　　（b）剃眉法　　　　　　（c）剪眉法

图4-2　三种修眉方法

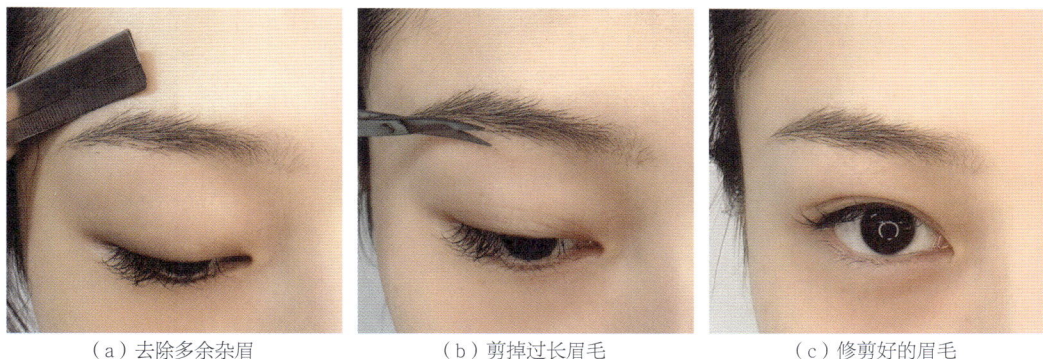

（a）去除多余杂眉　　　（b）剪掉过长眉毛　　　（c）修剪好的眉毛

图4-3　修眉步骤

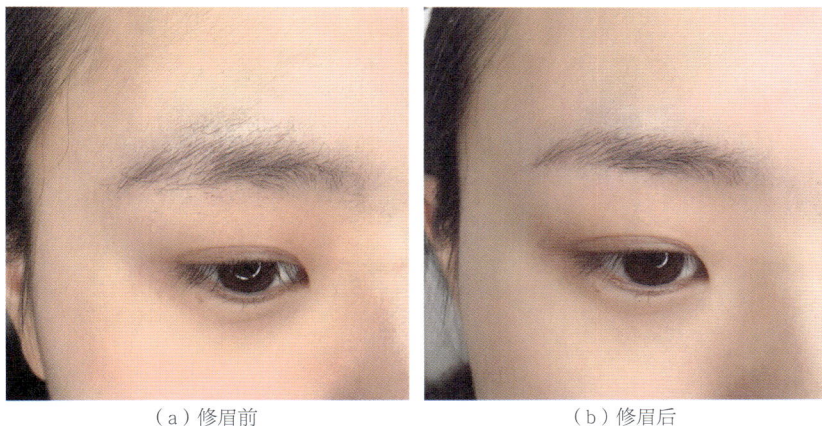

（a）修眉前　　　　　　（b）修眉后

图4-4　修眉前后对比

二、画眉

画眉是用眉笔或眉粉描画眉毛，使眉色加深、眉形清晰的修饰方法。画眉是在修眉的基础上完成的。

（一）标准眉的位置

画眉首先要了解标准眉形的比例结构及在脸部的标准位置（图4-5），可用五句话简要概括。

（1）眉与眼的距离大约有一眼之隔。

（2）眉头在鼻翼或内眼角的垂直延长线上。

（3）眉峰在眼珠正视前方时外缘向上的垂直延长线上。

（4）眉尾在鼻翼与外眼角的连线与眉相交处。

（5）眉头和眉尾基本保持在同一水平线上，即眉头和眉尾的高度不要相差太大，眉毛不能低于眉头。

（二）眉的描画

人的眉毛自然生长的浓密程度各不相同，但一般眉头的眉毛较稀，色泽较浅；眉峰至眉尾的眉毛较浓密，色泽深。所以在画眉的时候，应根据眉的这一自然生长规律描画，才能使眉毛显得真实而生动。初学者描画时可分三段进行，即眉头部分、眉中部分和眉尾部分。三段之间的衔接要自然，待熟练掌握描画方法后，便可整条眉毛连贯画下来。画眉时动作要轻，力度始终保持一致。要通过描画时笔画的疏密来控制眉毛的深浅，而不要通过力度的强弱来控制眉色的深浅，这与素描中表现明暗的画法很相似。画眉前后对比效果如图4-6所示。

眉色要与发色基本一致或略浅于发色，常用眉色有黑色和黑灰色。眉毛的深浅要符合整体妆面的要求。浓妆的眉毛要深，淡妆的眉毛要浅而自然。除此之外，眉色的选择还可根据妆面的色调和造型化妆的特殊要求略有调整。

1. 眉毛的描画方法

美容化妆中一般可以根据眉毛的具体条件和化妆造型的需要选择眉粉描画（图4-7）、眉笔描画（图4-8）、眉笔和眉粉结合描画（图4-9）的方法进行眉毛的修饰。

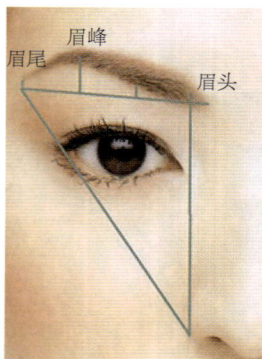

图4-5　标准眉的位置

（a）画眉前　　　　　　　（b）画眉后

图4-6　画眉前后对比

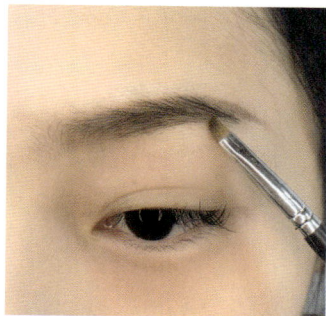

图4-7　眉粉描画

图4-8　眉笔描画

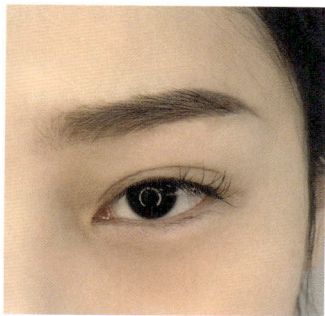

图4-9　眉粉、眉笔结合画眉

2. 画眉的步骤

画眉口诀为：眉头松，眉尾弱，上沿虚，下沿实。画眉的步骤如图4-10所示。

（1）眉粉画眉的步骤。

①眉粉的颜色比眉笔淡且自然，适合眉形清晰的人。用硬毛斜眉刷蘸眉粉后勾勒出眉毛底部边缘，让眉形更加利落。

②定好眉头、眉尾的位置后，用较柔软的眉刷平直向后描画眉毛底部边缘。

③用眉刷蘸眉粉后填充颜色，注意深浅变化。

④如果眉色与发色不一致时，用接近发色的染眉膏逆向刷眉毛，让染眉膏均匀涂抹在眉毛上。

⑤在染眉膏未干之前，用眉梳向上梳理眉毛，增加眉毛的立体感。

（2）眉笔画眉的步骤。

①观察化妆对象的面部特点，分别找到眉头、眉峰、眉尾的位置，勾画眉基线，注意对称。

②用眉笔按照眉毛的自然生长方向一根根描画，将残缺的眉形修补整齐。

③由眉腰处至眉峰处沿着眉基线向外侧斜上方开始描画。

④从眉峰处至眉尾方向描画，勾勒眉尾。

⑤眉头可以不画，或者向上轻轻画出毛发一样的线条；勾勒眉头时与眉腰处衔接时过渡自然。

⑥眉形、眉色的修整。

（a）

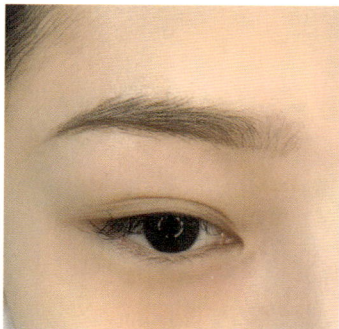

（b）

（c）

图4-10　画眉的步骤

（3）眉粉、眉笔配合描画的步骤。

①根据妆面的色调来选择眉粉颜色，用眉刷蘸眉粉轻刷，但每次涂抹时用量要少，涂刷要均匀。

②用眉粉为眉毛涂着底色，使眉毛丰满且具有立体感，再用眉笔勾勒和强调眉形轮廓。

③用眉笔描画时要按照眉毛的自然生长方向一根根描画，使眉毛看上去更加生动逼真（具体方法可以参照眉笔画眉方法）。

3. 眉形

眉形的多样化可使眉毛富于变化和表现力（图4-11）。眉形的选择对于眉的美化非常重要，在选择眉形时要注意以下几点。

（1）要根据自身眉毛的自然生长条件来选择眉形。

（2）要根据脸型的特点选择眉形。

（3）根据自己的喜好选择眉形。

柳叶眉　　拱形眉　　上挑眉　　平直眉

图4-11　不同眉形的认识

第二节

眼睛的修饰

眼睛是面部最为传神的器官，也是面部最醒目的部位。眼睛描画是否成功将直接影响到整体化妆的成败。这不仅是因为眼睛在面部的重要性所决定的，还是因为眼睛本身的修饰描画较其他部位复杂，不易掌握。眼睛的修饰主要由眼影的描画和眼线的勾画两部分完成。

一、眼影的修饰

眼影的修饰是运用不同颜色的眼影粉在眼睑部位进行涂抹，通过晕染的手法和眼影色的协调变化，达到增强眼部神采和丰富面部色彩的目的，同时还可以矫正不理想的眼型和脸型。这里主要讲述眼影的修饰方法，有关矫正作用将在后续章节中详述。

1. 涂眼影的正确位置

在涂眼影时先要确定涂抹的位置。一般来说，涂眼影的位置多在上眼睑处，根据需要可局部或全部覆盖上眼睑。涂抹时要与眉毛有一些空隙，眉尾下部要完全空出。有时下眼睑也画眼影，位置在下睫毛根处，面积很小（图4-12）。

2. 眼影涂抹方法

眼影的涂抹主要是通过晕染的手法来完成的。也就是说，在画眼影时颜色不能成块堆积在眼睑上，而是要有深浅的变化，这样才会显得自然柔和。通常眼影的晕染有两种方法：一种是立体晕染，另一种是水平晕染。

（1）立体晕染：是指按素描绘画的方法晕染，将深暗色涂于眼部的凹陷处，将浅亮色涂于眼部的凸出部位。暗色与亮色的晕染衔接要自然，明暗过渡合理。立

图4-12　涂眼影的正确位置

体晕染的最大特点是通过色彩的明暗变化来表现眼部的立体结构。

（2）水平晕染：将眼影色在睫毛根部涂抹，并向上晕染，越向上越淡，直至消失。色彩呈现出由深到浅的渐变。水平晕染的画法特点是通过表现色彩的变化来美化眼睛。

立体晕染和水平晕染两种方法没有绝对的界线，立体晕染中也常常包含表现色彩变化的内容，而水平晕染也常常要顾及眼部凹凸结构的因素，只是它们所表现的侧重点不同。

3. 眼影的基本搭配方法

眼影的搭配千变万化，多种多样，就常见的眼影搭配方法来说，属于水平晕染的有单色晕染法、上下搭配法、左右搭配法和1/3搭配法；属于立体晕染的有假双眼皮画法和结构画法。

（1）单色晕染法：是指使用一种颜色的描画方法。在睫毛根处涂一种颜色，然后逐渐向上晕染开（图4-13）。此法适合单眼皮的眼影描画，也适合较浅淡的妆型。

（2）上下搭配法：是将上眼睑分上下两部分进行涂抹，即靠近睫毛根的部位涂一种颜色，在这层颜色之上再涂另一种颜色（图4-14）。这种操作方法简便，实用性强。

（3）左右搭配法：是将上眼睑分左右两部分进行涂抹，即靠近内眼角涂一种颜色，靠近外眼角涂另一种颜色，中间过渡要自然柔和（图4-15）。此种搭配法色彩效果突出，修饰性强。

图4-13　单色晕染法

图4-14　上下搭配法

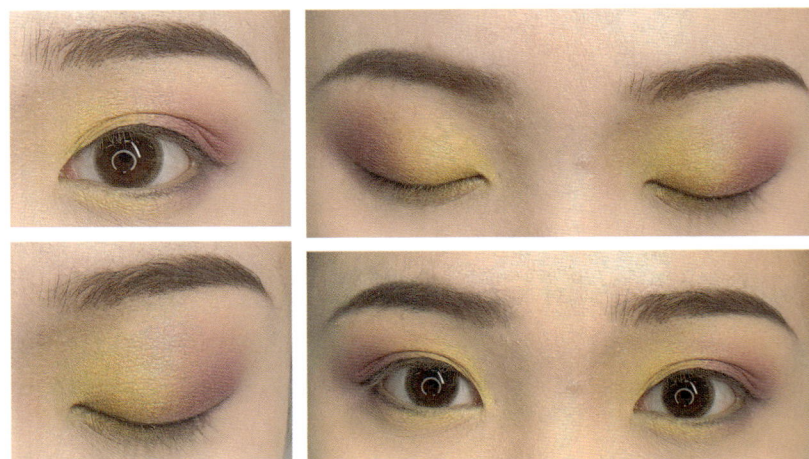

图4-15　左右搭配法

（4）1/3搭配法：是将上眼睑分为三部分，靠近内眼睑涂一种颜色，中间涂一种颜色，靠近眼尾再涂一种颜色（图4-16）。内眼角与眼尾的颜色可根据需要随意变化，但中间的颜色应使用亮色，目的是突出眼部的立体感和增加眼睛的神采。此法适合眉眼间距大的眼睛。

（5）假双眼皮画法：对于单眼皮或形状不够理想的双眼皮，在上眼睑处画出一个双眼皮的效果，称假双眼皮画法（图4-17）。具体画法是先在上眼睑上画一条线，这条线的高低位置要以假双眼皮的宽窄而定。如果双眼皮想宽些，这条线就要高一些；反之，就低一些。涂眼影时注意，在画线以下部分涂浅亮的颜色，在画线以上涂深谐些的颜色，这样就会使假双眼皮的效果更明显。

（6）结构画法：这是一种突出眼部立体结构的画法（图4-18）。具体画法是先在眉骨下与眼球相接的凹陷处画一条弧线或斜线，从外眼角处沿这条线向眼中部晕染，颜色逐渐变浅，在线的下方和眉下端涂浅亮色。

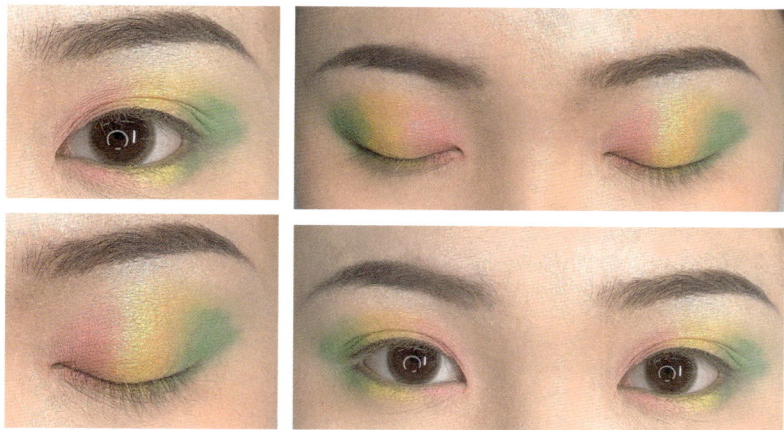

图4-16　1/3搭配法

图4-17　假双眼皮画法

图4-18　结构画法

二、眼线的修饰

画眼线是用眼线笔在上下睫毛根部勾画出两条细线，有强调眼形的作用。从观察中发现，睫毛浓密的眼睛周围会自然形成一条细线，而睫毛稀少的眼睛周围就没有这条线。这条线对表现眼睛的神采有很大帮助，这是画眼线的主要目的。眼线一定要画在睫毛根处。

1. 标准眼线的要求

标准眼线要画在睫毛根处，上下眼线均从内眼角至外眼角由细到粗变化。上眼线粗，下眼线细，上眼线的粗细是下眼线的一倍左右。这样的标准是根据眼睫毛的自然生长规律来确定的。一般来说，靠近内眼角的睫毛稀疏，而靠近外眼角睫毛浓密，且上睫毛较下睫毛浓很多，所以眼线的画法也就是遵循着自然规律而形成的（图4-19）。

2. 眼线的描画

眼线的描画要格外细致，因为眼线离眼球很近，眼球周围的皮肤非常敏感，描

画时的不小心会刺激眼睛导致流泪，破坏妆面。描画眼线的步骤如下（图4-20）。

（1）观察化妆对象的眼形特点。

（2）画上眼线时，让化妆对象闭上双眼，用一只手在上眼睑处向上轻推，使上睫毛根部充分暴露出来，请化妆对象眼睛向下看，然后从外眼角或从内眼角开始描画。

（3）画下眼线时，让化妆对象眼睛向上看，然后从外眼角或从内眼角进行描画，在外眼角的地方要与上眼线连接自然，在下眼线描绘处的外围用扁平眼线刷来回晕染，画出层次感。

眼线要求整齐干净、宽窄适中，描画时力度要轻，手要稳。画眼线前后对比如图4-21所示。

3. 眼线的颜色

眼线的颜色有很多种，如黑色、灰色、棕色、蓝色、紫色、绿色等。亚洲人由于毛发的颜色是黑色，所以常使用黑色眼线笔，但有时根据妆型设计的特殊需要也使用其他颜色（图4-22）。

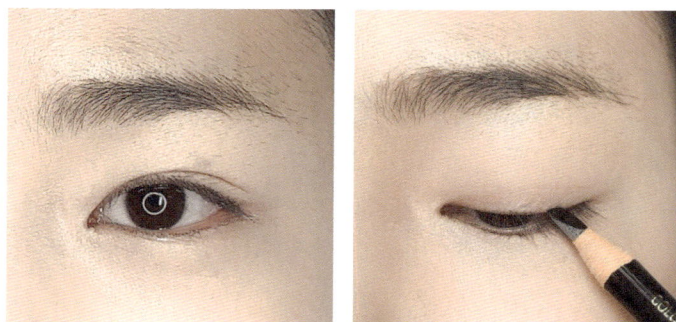

（a）　　　　　　　　　　　　　　　　（b）

图4-19　标准眼线

（c）　　　　　　　　　　　　　　　　（d）

图4-20　描画眼线的步骤

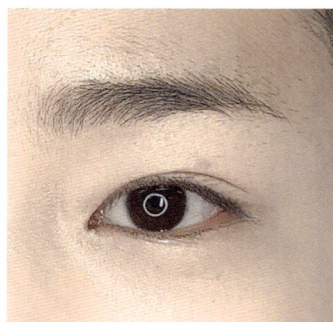

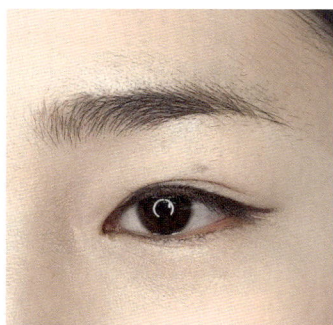

图4-21　画眼线前后对比

图4-22　不同颜色的眼线笔

三、睫毛的修饰

睫毛除具有保护眼睛的作用外，对眼睛的美化作用也非常明显。长而浓密的睫毛会使眼睛充满魅力。亚洲人的睫毛比较直、硬、短，因而眼睛显得不够生动。修饰睫毛的主要内容是使其弯曲上翘，并且显得长而柔软。修饰睫毛主要通过夹睫毛、涂睫毛膏和粘贴假睫毛来完成。

1. 夹睫毛

用睫毛夹使睫毛卷曲上翘，这样可以增添眼部的立体感。操作时眼睛向下看，将睫毛夹的夹口置于睫毛上，将夹子夹紧稍停片刻后松开，不移动夹子的位置，连续夹3次以上，每次固定10秒以上，使弧度固定。在夹睫毛时应分别从睫毛根部、睫毛中部和睫毛尖部三处加以弯曲，这样形成的弧度比较自然（图4-23）。

2. 涂抹睫毛膏

涂上睫毛时，眼睛向下看，睫毛刷从睫毛根部向下向外转动。然后眼睛平视，睫毛刷由睫毛根部向上向内转动。涂下睫毛时，眼睛始终向上看，用睫毛刷的刷头从睫毛根部横向涂抹至睫毛梢，再由睫毛根部由内向外转动睫毛刷。涂睫毛膏时手要稳，一次不要涂得过多，以免睫毛粘连在一起或弄脏眼周皮肤。可薄涂，涂多次。如果有睫毛粘连的情况出现，可用眉梳在涂抹睫毛膏后将其梳顺，使睫毛保持自然状态（图4-24）。

3. 粘贴假睫毛步骤

当自身睫毛稀疏、睫毛较短或遇妆型的需要时，可利用粘贴假睫毛来增加睫毛的长度和密度。

（1）修剪假睫毛：假睫毛选好后，在粘贴前要根据化妆对象的睫毛情况修剪。用眉剪对睫毛的宽度、长度和密度进行修剪。假睫毛修剪应呈参差状，内眼角睫毛稀疏，外眼角浓密，这样修饰后的效果比较自然，如图4-25所示。

（2）涂抹睫毛胶：将粘贴假睫毛的专用胶水涂在假睫毛根部，胶水涂抹要薄而均匀，如果胶水涂抹过多，会令眼部产生不适感，或由于胶水太多不易干透而造成假睫毛粘贴不牢，如图4-26所示。

（3）调整睫毛弧度：将涂过胶水的假睫毛从两端向中部弯曲，使其弧度与眼球的表面弧度相符，便于粘贴，如

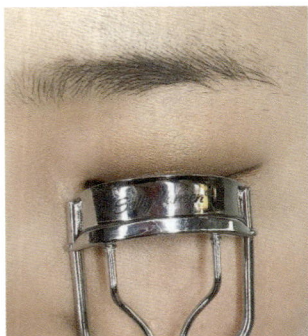

图4-23　夹睫毛　　　　图4-24　涂抹睫毛膏

图4-27所示。

（4）粘贴假睫毛：用镊子夹住假睫毛，将其紧贴在自身睫毛根部的皮肤上，然后由中间至两边按压、贴实。由于眼部活动频繁，内外眼角处的假睫毛容易翘起，因此应特别注意假睫毛在内外眼角处的粘贴，如图4-28所示。

（5）修饰完善：在假睫毛粘牢后，用睫毛夹将真假睫毛一并夹弯，使它们的弯度一致，然后涂抹睫毛膏。由于此时的真假睫毛已融成一体，在涂睫毛膏时应与上述涂真睫毛的方法相同，如图4-29所示。

粘贴假睫毛对于初学化妆的人来说会有一定的难度，操作时注意假睫毛的修剪要自然，粘贴要牢固，真假睫毛的上翘弧度要一致。

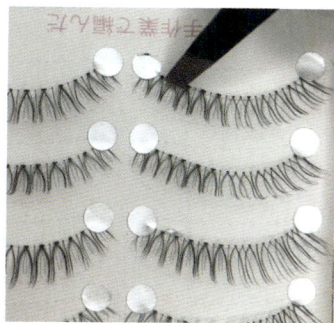

图4-25　修剪假睫毛

图4-26　涂抹睫毛胶

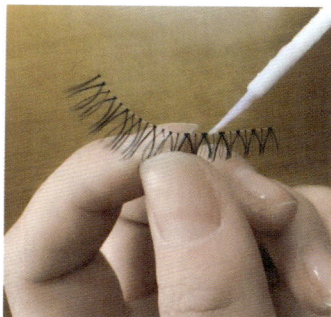

图4-27　调整假睫毛弧度

图4-28　粘贴假睫毛

图4-29　修饰完善

第三节

面色的修饰

面色的修饰主要通过涂粉底来完成。人的面部皮肤由于遗传、健康和环境等因素的影响，或多或少都会出现一些问题，如面色灰暗、偏黄、有瑕疵或局部皮肤发暗或过红。通过使用粉底，可以遮盖瑕疵，调和肤色，改善面部皮肤质地，使面部显得健康、光滑和细腻。俗话说："一白遮百丑"，可见脸色对于容貌的美化是很重要的。要想涂好粉底，应注意以下几个问题。

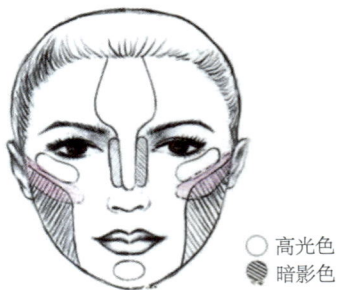

○ 高光色
◉ 暗影色

图4-30　使用亮色和影色修正脸型

一、粉底颜色的选择

粉底除需质地细腻、性质温和之外，最重要的是对颜色的选择。选择粉底颜色的基本原则是与肤色相接近。过白的粉底会给人"假"的感觉，像戴着一个面具，无法产生美感。粉底颜色过深，会使皮肤显得太暗，也得不到好的效果。只有使用与肤色相近颜色的粉底，才能在美化肤色的同时又尽显自然本色。因为这种颜色的粉底可与皮肤结合得自然真实。

除根据肤色选择粉底外，还要根据妆型的需要来选择粉底色。在自然光线下应选择比肤色稍深一些的粉底，这样会显得自然，不易流露化妆痕迹。浓妆在选择粉底色时随意性较强，因为浓妆所展示的场景允许适度夸张，可根据化妆造型设计的特殊需要进行选择。

以上所述为基色粉底的选择。所谓基色是指通过涂抹粉底所形成的一种基本面色。除基色外，还常涂抹亮色和影色。亮色是比基色浅的粉底色，影色是比基色深的粉底色。通过使用亮色和影色，可以突出面部的立体结构，修正不理想脸型（图4-30）。

二、遮瑕膏涂抹方法

遮瑕是面色修饰的一项重要内容，与粉底组成一个有机的整体，共同肩负起对面部皮肤的美化和修饰。遮瑕是用遮瑕膏遮盖那些粉底盖不住的瑕疵，在涂粉底前使用。

常用遮瑕膏有肉色、淡绿色、淡紫色和淡黄色。肉色遮瑕膏很像粉底，只是其遮盖力强于粉底，但美中不足的是使用遮瑕膏后皮肤易失去透明感，所以只适合极小面积使用；淡绿色遮瑕膏对发红的皮肤有抑制和遮盖作用；淡紫色遮瑕膏对偏黄皮肤有一定的抑制和遮盖作用。淡紫色和淡绿色遮瑕膏还可对面部做整体或局部的修饰，但不足之处是局部使用时易留下白色痕迹，整体使用时粉底显得不伏贴。淡黄色遮瑕膏是目前最新最受喜爱的遮瑕用品，对于各种瑕疵的遮盖效果都很好，而且不影响皮肤的透明感，也不会留下白印，淡妆和浓妆都适合使用。

涂遮瑕膏时，用化妆刷蘸少量遮瑕膏，轻轻擦按在皮肤上。遮瑕膏的用量一定要少，否则会形成白印，影响化妆效果。涂抹遮瑕膏时动作要尽量轻，使遮瑕膏薄而均匀地覆盖在皮肤上。面部遮瑕的顺序为：眼周→鼻窝→嘴角→面部有斑点的部位（图4-31）。

三、粉底涂抹方法

用蘸有粉底的化妆海绵在额头、眼周、鼻、面颊和下巴等部位依次涂抹。涂抹时由内向外拉抹，并可稍涂粉底，按顺序逐个部位按压，使粉底服帖，不可反复涂抹（图4-32）。粉底涂抹要均匀，厚薄适中，使面部颜色统一，粉底在面部的覆盖要全面，注意一些细小易被忽视的部位，如上下眼睑、鼻窝和耳部等均应覆盖粉底。另外，为了化妆的整体效果，在颈部、前胸及其他裸露部位都应涂抹粉底。

在涂抹粉底之后，还要涂亮色和影色粉底，涂抹的手法与涂基色粉底相同。粉底的涂抹应有准确的位置，但在化妆中不可机械照搬，而是要根据具体的面部特征而相应变化。

图4-31 涂抹遮瑕膏

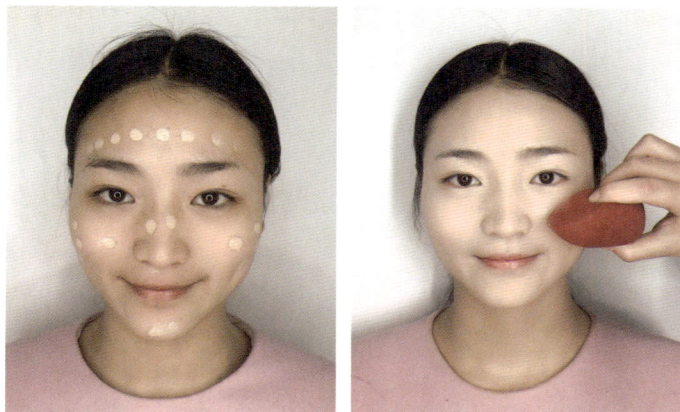

图4-32 涂抹粉底

面颊的修饰

面颊的修饰包括增加面部的红润感，使脸色红润，增添女性的妩媚。此外，通过腮红的修饰还可以修正不理想的面型。

一、标准腮红的位置

标准的腮红位于颧骨上，笑时面颊能隆起的部位（图4-33）。一般情况下，腮红向上不可高于外眼角的水平线，向下不得低于嘴角的水平线，向内不超过眼睛的1/2垂直线。根据脸型和化妆造型的具体情况，腮红的位置和形状会有相应的变化。

图4-33 标准腮红的位置

二、腮红的描画

腮红的描画主要是通过腮红刷的晕染来完成的。腮红的晕染是腮红修饰的重点和难点。操作中，用腮红刷蘸少量腮红，在腮红的中心位置向四周晕开，然后再蘸再晕，可以少量多次，直到颜色符合标准为止（图4-34）。在晕染过程中应注意一次不要蘸太多腮红，否则会使腮红过深或成块，显得呆板、不自然。特别要注意的是，腮红的晕染效果应是中心颜色深，而四周逐渐变浅直至消失，腮红与面色浑然一体。这样的晕染给人一种从内向外透出红色的感觉，自然而真实。如果腮红画成一个色块，给人的感觉像面颊部的块浮色，生硬而失真。

腮红的颜色及画法要根据不同妆型的要求进行选择。

图4-34　腮红的描画

第五节

鼻部的修饰

鼻子位于面部正中，占据了脸的最高点，因其立体构造，使它在面部显得很独特。在对鼻子进行修饰时，特别要注意对其充分的美化，要与面部其他部位和谐一致，完整统一。鼻部的美化主要是通过影色和亮色来完成。影色涂于鼻子的两侧，称为鼻侧影，亮色涂于鼻梁部位，这样修饰可使鼻子显得挺拔。

一、标准鼻型

标准鼻型的长度为脸长度的1/3。鼻根部位于两眉之间，鼻梁由鼻根向鼻尖逐渐隆起，鼻翼两侧在内眼角的垂直线上，鼻的宽度是脸宽的1/5（图4-35）。

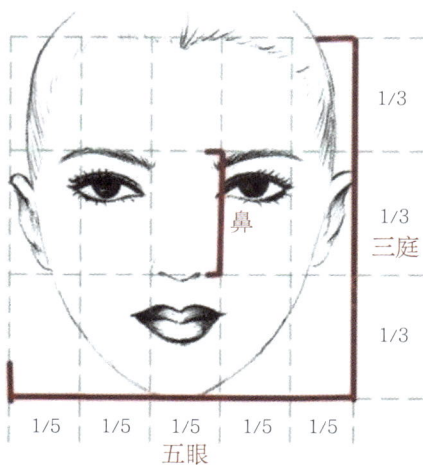

图4-35　标准鼻型

二、鼻的修饰方法

在对鼻进行修饰时，要先涂鼻侧影。用手指或化妆刷蘸少量影色，或用眼影刷蘸少量影色粉，从鼻根外侧开始向下涂，颜色逐渐变浅，直至鼻尖处消失。然后在鼻梁正面涂亮色。在描画时应注意，鼻侧影要尽量柔和，不能形成两条色条，否则会显得失真可笑。为使鼻的修饰自然，应注意以下几点（图4-36）。

（1）涂抹时注意色彩的变化，眼窝处深些，越向鼻尖部越浅，直至消失。

（2）不要一次蘸色太多，要少量多次。

（3）在画鼻侧影时要先确定好位置再画，不要多次涂改，这样会使妆面显脏。

（4）鼻侧影与亮色及面部皮肤的衔接要自然。

（5）鼻侧影的上方要与眼影色相融。

（6）鼻侧影要对称。

（7）鼻梁上亮色的宽度要适中，一般是一食指宽。

图4-36　鼻的修饰

（8）鼻的修饰多用于浓妆，淡妆要慎用。淡妆鼻侧影的颜色可以用淡淡的腮红处理。

第六节

唇部的修饰

唇部的修饰主要是通过涂抹各种色彩的唇膏来达到美化效果。通过对唇部的修饰，不仅能增强面部色彩，还有较强的调整肤色的作用。唇部的修饰主要由描画唇型和涂抹唇色两部分组成。

一、标准唇型

标准唇型的唇峰在鼻孔外缘的垂直延长线上；唇角在眼睛平视时眼球内侧的垂直延长线上，下唇中心厚度是上唇中心厚度的2倍（图4-37）。

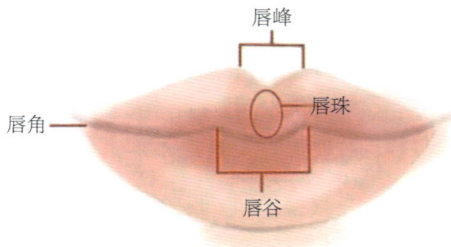

图4-37　标准唇型

二、唇的描画方法

唇的描画有三种方法。

1. 唇线笔画唇线，唇刷涂唇色

先用唇线笔将上下唇线画出来，再用唇刷涂唇色。画唇线时，先由上唇峰开始向嘴角描画，再将下唇线一笔画出（图4-38）。使用此法画唇，嘴唇的轮廓鲜明突出，但应注意唇线与唇膏要衔接自然，避免唇线太明显。

2. 唇刷画唇线唇色

直接使用唇刷蘸唇膏描画唇线和涂唇色。画唇线时，先画上唇峰再描两侧，下唇也是先画中间再画两边，这种画唇法使唇显得自然柔和（图4-39）。

3. 立体效果画唇

立体效果画唇可以通过唇色的变化增加立体感。先用浅一些的唇膏将唇涂满，然后使用深色唇膏将唇角两侧加深，最后在唇中部涂上浅色亮光唇膏。或者可以先用浅色唇膏涂满，再用深色唇膏在唇中进行晕染。注意两种方法都要过渡均匀（图4-40）。

图4-38 唇线的描画方法

图4-39 唇刷的描画方法

图4-40 立体唇画法

第五章

矫正化妆

课题名称： 矫正化妆

课题内容： 1. 人体头面部骨骼

2. 五官的矫正化妆

3. 不同脸型的矫正化妆

课题时间： 4课时。

教学目的： 正确认识头面部骨骼，引导学生提升自己的专业素养和审美意识。

教学方式： 讲授法、演示法、讨论法

教学要求： 1. 了解人体头面部骨骼，更好地在化妆中塑造人物面部立体感。

2. 了解针对不同五官的矫正方法。

3. 通过学习，开拓学生在专业领域中对于面部化妆的局限性，提高专业能力。

课前（后）准备： 课前通过查阅资料预习课题内容，课后通过实操巩固课题内容。

矫正化妆是通过专业的化妆手法，从视觉上来矫正不理想容貌的化妆手法。自古以来，椭圆的脸型和比例匀称的五官一直被认为是最理想的标准脸型。标准脸型的长度和宽度是由五官的比例结构所决定的。五官的比例一般以"三庭五眼"为标准（图5-1）。

所谓"三庭"是指脸的度，即由前发际线到下颌平均分为三等分，故称"三庭"。"上庭"是前发际线至鼻根；"中庭"是从鼻根到鼻尖；"下庭"是从鼻尖到下颌，它们各占脸部长度的1/3。所谓"五眼"是指脸的宽度。以眼睛长度为标准，把面部

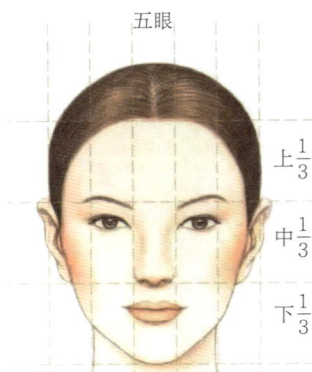

图5-1　标准脸型

的宽分为五等分。两眼的内眼角之间的距离应是一只眼睛的长度，两眼的外眼角延伸到耳孔的距离又是一只眼睛的长度。

第一节

人体头面部骨骼

一、头面部骨骼

人的头部有23块骨头，头骨可分为面颅和脑颅（图5-2）。

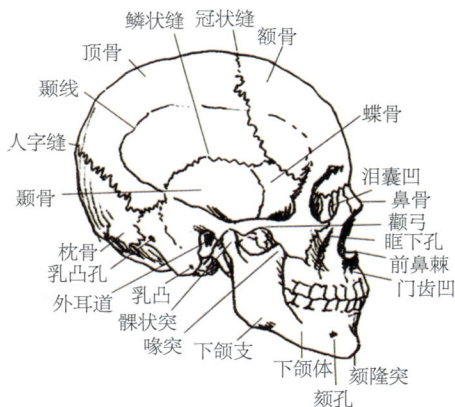

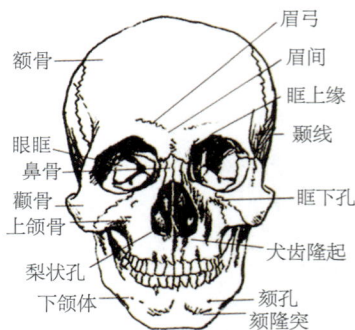

1. 脑颅

脑颅骨共8块。其中，不对称骨有4块：额骨、枕骨、筛骨、蝶骨；成对骨4块：顶骨、颞骨各2块。

图5-2　头骨

2. 面颅

面颅骨共有15块。其中，上颌骨1对，下颌骨1个，腭骨1对，颧骨1对，鼻骨1对，泪骨1对，下鼻甲骨1对，梨骨1片，舌骨1个。

二、人体头面部肌肉

头面部肌肉分为表情肌和咀嚼肌两类（图5-3）。表情肌位于脸部正面，能在不同情绪影响下，牵动皮肤产生不同的表情。咀嚼肌分布在下颌关节周围，能产生咀嚼运动，协助说话。

1. 表情肌

表情肌主要分布在额、眼、鼻、嘴周边，包括额肌、皱眉肌、降眉间肌、眼轮匝肌、鼻肌、提上唇肌、颧大肌、笑肌、口轮匝肌、降口角肌、降下唇肌、颏肌、

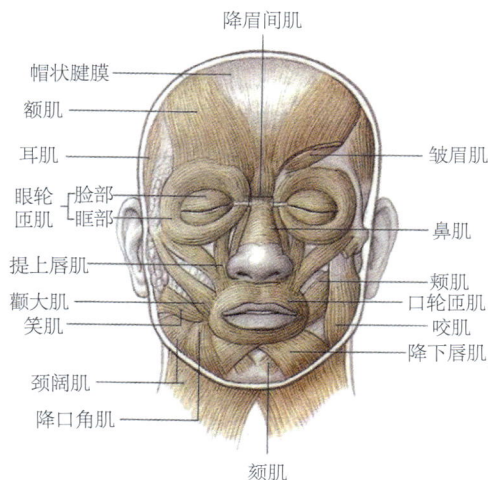

图5-3 头面部肌肉

唇三角肌等。

2. 咀嚼肌

咀嚼肌附着于上颌骨边缘、下颌角周边，产生咀嚼运动和协助说话。包括颞肌、咬肌。

第二节

五官的矫正化妆

精致完美的妆容，离不开对面部五官的美化与修饰。化妆应在原有的基础之上进行适当的局部矫正，以求达到更好的效果。因此，认识五官的不同形态特征和矫正方法是必不可少的技能。

一、不同眉形的特征与矫正

现实中的眉形并不都是理想的标准眉形，而是存在着许多的缺陷，极大影响了面部的美观，因此要进行修正。常见的眉形有以下几种：向心眉、离心眉、吊眉、下垂眉、短粗眉、眉形散乱及眉形残缺等。

1. 向心眉（图5-4）

（1）特征：向心眉的两条眉毛向鼻根处靠拢，其间距小于一只眼的长度。向心眉使五官显得紧凑不舒展。

（2）矫正：先将眉头处多余的眉毛

除掉，加大两眉间的距离，再用眉笔描画，将眉峰的位置略向后移，眉尾适当加长。

2. 离心眉（图5-5）

（1）特征：离心眉的两眉头间距过远，大于一只眼睛的长度。离心眉使五官显得分散，容易给人留下笨拙的印象。

（2）矫正：在原眉头前画出一个"人工"眉头。描画时要格外小心，否则会显得生硬不自然。要点是将眉峰略向前移，眉梢不要拉长。

3. 吊眉（图5-6）

（1）特征：吊眉的眉头低，眉梢上扬。吊眉使人显得有精神，但过于吊起的眉则显得不够和蔼可亲。

（2）矫正：先将眉头的下方和眉梢上方的眉毛除去，再进行描绘修饰。如果眉头部分不是过低，也可不用过多地修饰。描绘时，要侧重于眉头上方和眉梢下方的描画，这样可以使眉头和眉尾基本在同一水平线上。

4. 下垂眉（图5-7）

（1）特征：下垂眉的眉尾低于眉毛的水平线。下垂眉使人显得亲切，但过于下垂会使面容显得忧郁和愁苦。

（2）矫正：去除眉头上面和眉梢下面的眉毛。在眉头下面和眉尾上面的部分要适当补画，使眉头和眉尾在同一水平线上或眉尾高于眉头。

（a）向心眉

（b）向心眉矫正方法

图5-4　向心眉及矫正方法

（a）离心眉

（b）离心眉矫正方法

图5-5　离心眉及矫正方法

（a）吊眉　　　（b）吊眉矫正方法

图5-6　吊眉及矫正方法

（a）下垂眉　　　（b）下垂眉矫正方法

图5-7　下垂眉及矫正方法

5. 短粗眉

（1）特征：短粗眉的眉形较短较粗，形态略显有些男性化，不够生动。

（2）矫正：根据标准眉形的要求，先将多余的杂眉部分修掉，然后用眉笔补画缺少的部分。

6. 眉形散乱

（1）特征：眉形散乱指眉毛生长杂乱，缺乏轮廓感及立体的外部形态，面部五官看上去不够清晰、干净，显得过于随便。

（2）矫正：先用刮眉刀按标准眉形的要求将多余的眉毛去掉，要适当地掌握眉眼间距，在眉毛杂乱的部位涂少量的专用胶水，然后用眉梳梳顺，再使用眉粉或眉笔画出眉形，在眉腰部位适当加重。

7. 眉形残缺

（1）特征：眉形残缺指由于疤痕或眉毛本身的生长不完整，使眉毛的某一段有残缺，从而使面部过于集中，显得紧张，不够舒展。

（2）矫正：先用眉笔或眉粉在残缺处淡淡描画，修补整齐，再对整条眉进行描画。

眉毛，是一个人性格和精神状态的重要体现。所以，对它的修饰和矫正一定要格外的细心和注意。画好了眉毛，我们才能继续做眼睛和周边部位的化妆工作。这就是化妆中局部和整体的依赖关系。

二、不同眼型的特征与矫正

眼型的修正主要通过眼线和眼影来实现。通过描画粗细不同、离睫毛根远近不同的眼线，来改变眼睛的大小及眼角的上吊和下斜；利用眼影的深浅和描画位置的变化，来弥补眼型的缺陷。还可以通过粘贴假睫毛和美目胶带修正眼型。

1. 两眼距离较近（图5-8）

（1）特征：两眼间的距离小于一只眼的长度，使得面部五官看似较为集中，给人以严肃、紧张甚至不友善的印象。

（2）矫正：

①眼影：靠近内眼角的眼影用色要浅淡，着重外眼角眼影的描画，并将眼影向外拉长，鼻侧影不宜描画太重。眉头可略向后移，适当延长眉尾，尽量使两眼之间的距离等于一只眼睛的长度。

②眼线：上眼线的眼尾部分要加粗加长，靠近内眼角部分的眼线要细浅；下眼线的内眼角部分不描画，只画整条眼线的1/2或1/3长，靠近外眼角部分加粗加长。

（a）两眼间距过窄

（b）两眼间距过窄矫正方法

图5-8　两眼距离较近及矫正

2.两眼间距较远（图5-9）

（1）特征：两眼间距宽于一只眼的长度，使五官显得分散，面容显得无精打采，松懈迟钝。

（2）矫正：

①眼影：靠近内眼角的眼影是描画的重点，要突出一些，外眼角的眼影要浅淡一些，并且不能向外延伸。

②眼线：上下眼线的内眼角处可画的略粗一些，外眼角处相对细浅，不宜向外延伸描画。

3.吊眼（图5-10）

（1）特征：外眼角明显高于内眼角，眼型呈上升状。目光显得机敏、锐利，给人带来严厉、冷漠的印象。

（2）矫正：

①眼影：内眼角上侧和外眼角下侧的眼影应描画得突出一些。

②眼线：上眼线要拉平描画，内眼角处可描画略粗，外眼角处略细不宜上扬。下眼线的内眼角处可不画或细而淡地勾画于睫毛内，可采用粗线条加重外眼角的描画，并且眼尾处下眼线不与睫毛重合，要在睫毛根的下侧描画。

4.下垂眼（图5-11）

（1）特征：外眼角明显低于内眼角，眼型呈下垂状。使面容显得和善、平静，如果下垂明显，使人显得呆板、无神和衰老。

（2）矫正：

①眼影：内眼角的眼影颜色要暗，面积要小，位置要低，外眼角的眼影色彩要突出，并向上晕染。

②眼线：上眼线的描画要前细后粗，不到眼尾处就可往上描画。下眼线的描画要前粗后细，从而平衡眼部的下垂感。

（a）两眼间距过宽

（b）两眼间距过宽矫正方法

图5-9　两眼距离较远及矫正

（a）吊眼　　　　　　（b）吊眼矫正方法

图5-10　吊眼及矫正

（a）下垂眼　　　　　（b）下垂眼矫正方法

图5-11　下垂眼及矫正

5. 细长眼（图5-12）

（1）特征：眼睛细长会有眯眼的感觉，使整个面部缺乏神采。

（2）矫正：

①眼影：上眼睑的眼影与睫毛根之间有一些空隙，下眼睑眼影从睫毛根下细长眼侧向下晕染宽些。眼影宜选用偏暖色。

②眼线：上下眼线的中间部位略宽，两侧眼角画细些，不宜向外延长。

（a）细长眼　　　　（b）细长眼矫正方法

图5-12　细长眼及矫正

6. 圆眼睛

（1）特征：内眼角与外眼角的间距小，使人显得机灵。

（2）矫正：

①眼影：上眼睑的内、外眼角的色彩要突出，并向外晕染，上眼睑中部不宜使用亮色。下眼睑的外眼角处的眼影用色要突出并向外晕染。

②眼线：上眼线的内、外眼角处略粗，中部平而细。下眼线只画1/2长，靠近内眼角不画，外眼角处眼线略粗。

7. 小眼睛（图5-13）

（1）特征：眼裂较窄，使人显得不宽厚。

（2）矫正：

①眼影：多用单色眼影进行修饰。眼影一般使用具有收敛性的棕色、灰色、褐色、土黄色等，由睫毛根部向上方晕染并逐渐消失。

②眼线：外眼角处的上、下眼线略粗并呈水平状向外延伸。

8. 眼睑肥厚（图5-14）

（1）特征：眼睑肥厚指上眼皮的脂肪层较厚或眼皮内含水分较多，使人显得松懈没精神。

（2）矫正：

①眼影：颜色不宜选用粉色系，适合用暗色，从睫毛根部向上晕染并逐渐淡化。靠近外眼角的眼眶。上涂半圈亮色，使眼周的骨骼突出，从而削弱上眼皮的厚重感。

②眼线：上眼线的内外眼角处略宽，眼尾略上扬，眼睛中部的眼线细而直，尽量减少弧度。下眼线的眼尾略粗，内眼角略细。

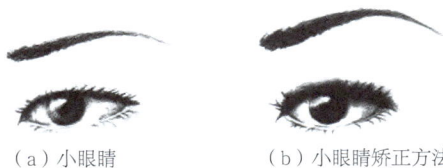

（a）小眼睛　　　　（b）小眼睛矫正方法

图5-13　小眼睛及矫正

（a）肥厚眼睑　　　　（b）肥厚眼睑矫正方法

图5-14　眼睑肥厚及矫正

9. 眼袋较重

（1）特征：眼袋较重指下眼睑下垂，脂肪堆积，使人显得苍老，缺少活力。

（2）矫正：

①眼影：眼影色宜柔和浅淡，不宜过分强调，一般选用咖啡色和米色。

②眼线：上眼线的内眼角处略细，眼尾略宽。下眼线要浅淡或不画。

三、不同鼻型的特征与矫正

鼻子是五官中较为重要的部分，在化妆过程中也要格外注意。在对鼻子进行化妆前，我们首先要了解鼻子的结构以及在整个面部化妆中的形象和作用。

鼻子位于面部中央，高而突出，占了脸部整个中庭的长度，是面部五官中唯一的纵向线条。鼻子由鼻骨和鼻软骨构成，以鼻根较高、鼻梁成适度的弯曲、鼻翼成适当的大小、圆满为美。鼻侧影是指鼻梁两侧从眉头到鼻翼的阴影，它的深浅、长短、曲直影响着鼻子的形象。鼻侧影是修饰鼻子的主要手段，其目的在于增加面部的立体感，掩饰、弥补鼻型的不足。

标准脸型的上、中、下三庭（从上额的发际线到眉尖、从眉尖到鼻尖、从鼻尖到下巴尖）均匀地分为三等份。标准鼻子的长度应是按照标准脸型三庭比例从眉尖到鼻尖的长度，即整个中庭的长度。标准鼻子的宽度为鼻翼、眉头与内眼角所在垂直线的宽度。

鼻子的长短会影响脸型的长短，其宽窄高低影响着面部的轮廓和宽度。鼻子短会缩短人的脸型，显得面部人中较长，比例不和谐；圆鼻头给人感觉幼稚可爱，但有时会和所需妆面不太协调；塌鼻梁会使人的面部缺少立体美感；鼻翼扁宽给人感觉缺乏活力和立体感，容易横向拉宽脸型；鼻梁宽大会拉宽两眼间的距离，显得中庭比较厚重，缺少灵动秀气的感觉。

在矫正这些不标准鼻型时，化妆师要熟练运用暗影和高光的结合，来修饰和弥补鼻型的缺陷，协调比例，从而增加美观。

不同鼻型的特征与修饰有以下几种。

1. 塌鼻梁（图5-15）

（1）特征：鼻梁低平，面部凹凸层次严重失调，使面部显得呆板、缺乏立体感和层次感。

（2）矫正：鼻侧影上端与眉毛衔接，在眼窝处颜色较深，向下逐渐淡化。在鼻梁上较凹陷的部位及鼻尖处涂亮色，但面积不宜过大。

阴影

（a）塌鼻梁　　　　　（b）塌鼻梁矫正方法

图5-15　塌鼻梁及矫正

2. 鼻子较短（图5-16）

（1）特征：其长度小于面部长度的1/3，即"三庭"中的中庭过短。鼻子较短会使五官显得集中，同时鼻体易显宽。

（2）矫正：鼻侧影上端与眉毛衔接，下端直到鼻尖。鼻侧影的面积应略宽。亮色应从鼻根处一直涂抹到鼻尖处，要细而长。

3. 鼻子较长（图5-17）

（1）特征：其长度大于面部长度的1/3，也就是中庭过长。鼻子过长会使鼻型显细，脸型显得更长而生硬，不柔和。

（2）矫正：鼻侧影从内眼角旁的鼻梁两侧开始，到鼻梁的上方结束，鼻尖涂影色。鼻梁上的亮色要宽些。但不要在整个鼻梁上涂抹，只需涂抹鼻中部即可。

4. 鹰钩鼻（图5-18）

（1）特征：鼻根较高，鼻梁相对凸出形似驼峰或结节状，鼻头较尖并弯曲呈钩状，面容缺乏柔和感，显得较为冷酷。

（2）矫正：鼻侧影从内眼角旁的鼻梁两侧开始到鼻中部结束，鼻尖部涂影色。鼻根部及鼻尖上侧涂亮色，鼻中部凸起处不涂亮色。

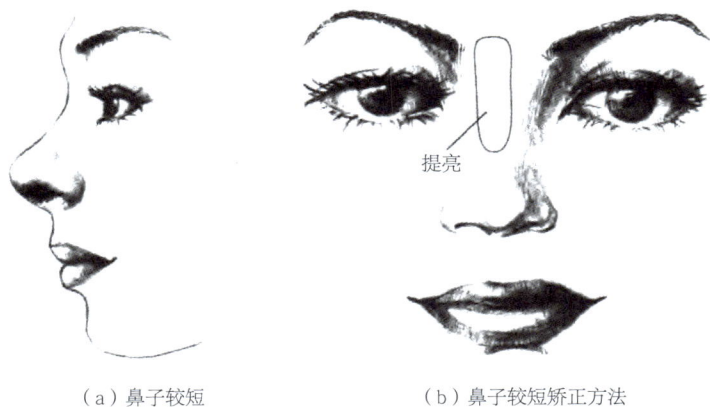

提亮

（a）鼻子较短　　　　　　　　（b）鼻子较短矫正方法

图5-16　鼻子较短及矫正

提亮

阴影

（a）鼻子较长　　　　　　　　（b）鼻子较长矫正方法

图5-17　鼻子较长及矫正

5.宽鼻（图5-19）

（1）特征：鼻翼的宽度超过面宽的1/5，面部缺少秀气的感觉。

（2）矫正：鼻侧影涂抹的位置与短鼻相同。鼻尖部涂亮色，用明暗色对比加强鼻尖和鼻翼之间的反差，使鼻子显窄些。

6.鼻梁不正

（1）特征：鼻梁向一侧倾斜，使面部五官的比例失调。

（2）矫正：鼻梁歪向哪一侧，哪一侧的鼻侧影就要略浅于另一侧。亮色在脸部的中心线上。

化妆中有很大的部分是修饰面容，因为天生丽质的人必然占少数，绝大多数的人还是存在着一定的缺陷。在鼻子的矫正化妆中，重要的是用不同的色彩和明暗来打造出完美鼻型的立体效果。

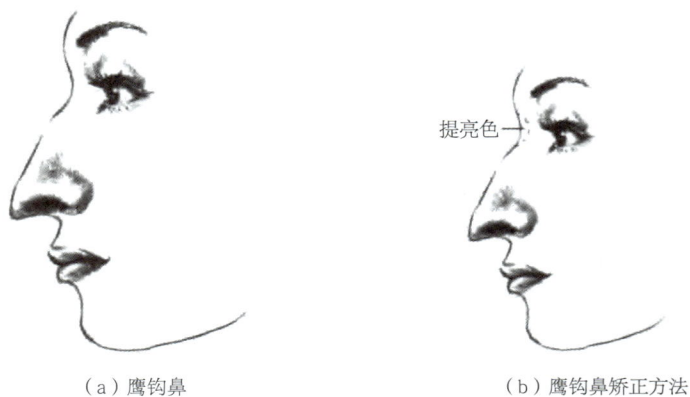

（a）鹰钩鼻　　　　　（b）鹰钩鼻矫正方法

图5-18　鹰钩鼻及矫正

提亮色

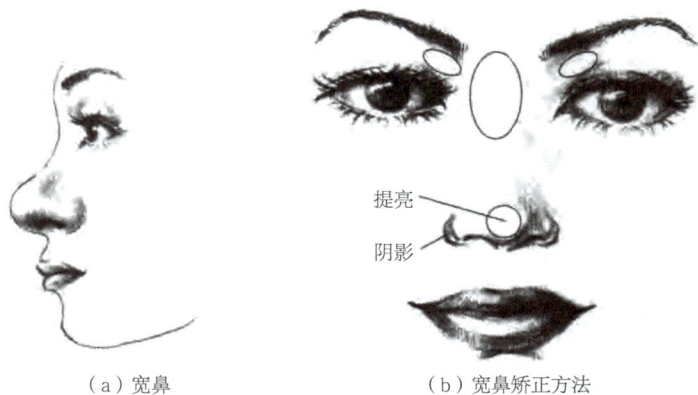

提亮

阴影

（a）宽鼻　　　　　（b）宽鼻矫正方法

图5-19　宽鼻及矫正

四、不同唇型的特征与矫正

唇型的修饰包括描画唇线和涂抹唇膏两个部分。唇型矫正前，应用与基色相近且遮盖力较强的粉底将原唇的轮廓进行遮盖，然后用蜜粉固定，再进行修饰，以使矫正后的唇型效果自然。

1. 唇型过厚（图5-20）

（1）特征：嘴唇过厚分上唇较厚、下唇较厚及上下唇均厚几种。嘴唇过厚使面容显得不秀气。

（2）矫正：保持唇型原有的长度，运用接近肤色的粉底盖住唇部较厚的部分，把轮廓缩小，再用唇线笔沿原轮廓内侧描画唇线。唇膏色宜选用深色或冷色以增强收敛效果，不宜选择太浅的唇膏颜色，避免使用鲜红色、粉色和亮色。

2. 唇型过薄（图5-21）

（1）特征：嘴唇过薄分上唇较薄、下唇较薄及上下唇均薄几种。嘴唇过薄使唇型缺乏丰润的曲线，使面容显得不够开朗或给人刻薄的感觉。

（2）矫正：在唇周涂浅色粉底，增加唇部轮廓的厚度，再用唇线笔沿原轮廓向外扩展。描画的轮廓除了放宽尺度外，还要有较大的弧度，轮廓线要干净。唇膏可选用暖色、浅色或亮色，以增加唇的饱满感。

3. 唇角下垂（图5-22）

（1）特征：嘴角下垂容易给人留下愁苦的印象，使人显得苍老或不友好。

（2）矫正：用粉底遮盖唇线和唇角，将上唇线提起，嘴角提高，使其有向上翘的感觉。上唇唇峰及唇谷不变，下唇线略向内移。选择唇膏颜色时，应注意下唇色要深于上唇色，并将亮点略向嘴角处移动，不宜使用较多亮色的唇膏。

4. 嘴唇凸起（图5-23）

（1）特征：上下唇凸出会产生外翻的感觉，影响唇型的美感。

（2）矫正：沿原唇型的嘴角外侧勾画轮廓，上下唇线应平直一些，以缩减唇的突出感。唇膏宜选择暗色。

5. 唇型平直（图5-24）

（1）特征：唇型平直指唇峰、唇谷

图5-20　厚唇及矫正　　　　图5-21　薄唇及矫正　　　　图5-22　嘴角下垂及矫正

图5-23　嘴唇凸起及矫正　　　　图5-24　嘴唇平直及矫正

等曲线不明显，唇型的轮廓感不强。这样的唇型缺乏表现力，面部不生动，缺乏曲线美。

（2）矫正：先用接近脸部颜色的粉底遮盖住原有唇形，再用蜜粉定妆。勾画唇线时，可按照标准唇型的要求勾画，描画出明显的唇峰，将下唇画成圆润型。

五、脸颊的矫正

腮红可以用来修整和强调脸的轮廓，这是女性化妆的一个重要步骤，涂腮红的方法、部位和外形不同，都会影响面部轮廓。所以，根据不同的面颊特征，应当选择不同的腮红画法（图5-25）。

1. 颧骨高的面颊

（1）特征：颧骨高的面颊表现为脸部立体感强，富于变化，意志刚强，但看上去冷淡、严肃。

（2）矫正：沿颧骨下侧加影色，沿颧骨上侧加亮色，中间涂腮红。

2. 丰满的面颊

（1）特征：丰满的面颊表现为脸显得大而臃肿。

（2）矫正：在面颊外侧加纵长阴影，从下眼睑到鬓角加亮色，从面颊中间起，在外侧加纵长状腮红。

3. 单薄的面颊

（1）特征：单薄的面颊给人感觉清秀文雅，但由于面颊清瘦，感觉苍老而软弱。

（2）矫正：在面颊中心加亮色，外侧涂抹腮红。

4. 突出的面颊

（1）特征：面颊突出。

（2）矫正：在突出的面颊上涂抹发暗的腮红，使面颊显低，在下眼睑凹陷处加亮色。

5. 敦厚的面颊

（1）特征：敦厚的面颊显得可爱，生机勃勃，但看上去有孩子气。

（2）矫正：在面颊敦实的位置上用暗色的腮红，从下眼睑到面颊中央加亮色。

总的来说，若脸颊较宽，涂腮红时应从颧骨四周起笔，斜向外上方轻抹；脸颊较窄，从耳前起笔，水平地向颧骨四周横涂。

图5-25　不同的腮红画法

第三节

不同脸型的矫正化妆

局部与整体的协调是指对五官局部修饰与脸型的关系，主要是根据眉形、五官、脸颊等部分的形态与色彩的特点进行修饰。注意在掌握规律性的同时，要在实际操作中因人化妆，即根据实际情况来修饰。

五官及局部修饰与脸型的协调要注意以下几点。

一、圆脸型

1. 特征

圆脸型面形圆润，额角及下颌偏圆滑，给人以年轻、可爱的感觉，但缺少棱角，会显稚气，缺乏成熟、稳重。

2. 矫正（图5-26）

（1）脸型修饰：影色涂于两腮处，减少面部圆润感，并在T字区以及下巴处进行提亮，增加面部立体感。

（2）眉形修饰：眉毛可略带棱角。

（3）眼部修饰：眼影不可向外延伸，否则会拉宽面部。

（4）鼻部修饰：高光画至鼻尖，可加一点鼻侧影，增强鼻部的立体感。

（5）腮红：腮红可做纵向晕染，会从视觉上拉长脸型。

（6）唇部修饰：强调唇峰，下唇底部平直，削弱面部圆润感。

二、方脸型

1. 特征

方脸型前额宽阔、颌骨较方，给人以稳重、坚强的感觉，但缺少女性的柔美。

2. 矫正（图5-27）

（1）脸型修饰：影色涂于两腮和额头两侧，并在T字区以及下巴处进行提亮。

（2）眉形修饰：眉毛可略带棱角稍加柔和。

（3）眼部修饰：眼线圆润流畅，眼尾上挑，增加女性妩媚感。

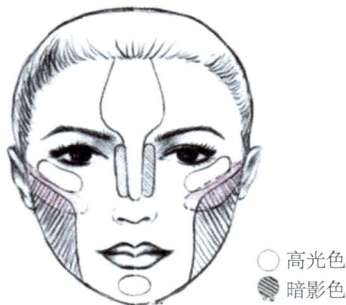

○ 高光色
● 暗影色

图5-26 圆脸型的矫正

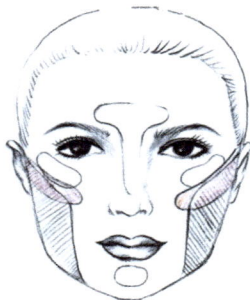

图5-27 方脸型的矫正

（4）鼻部修饰：高光画至鼻尖，可加一点鼻侧影，增强鼻部的立体感。

（5）腮红：腮红的位置略高，斜向晕染，过渡衔接自然。

（6）唇部修饰：遮盖唇峰，使唇型圆润。

三、长脸型

1. 特征

长脸型面部较长，给人生硬的感觉，缺少女性的柔和。

2. 矫正（图5-28）

（1）脸型修饰：影色涂于前额发际线和下巴处。

（2）眉形修饰：适合平直的眉毛，眉毛不宜过细，眉尾适当拉长。

（3）眼部修饰：加深眼窝，眼影向外眼角过渡晕染，眼线眼尾加宽拉长。

（4）鼻部修饰：鼻部高光不宜到鼻尖，尽量不加鼻侧影。

（5）腮红：腮红做横向晕染。

（6）唇部修饰：唇型适合圆润饱满。

四、菱形脸

1. 特征

菱形脸的上额、下巴较窄，颧骨突出，给人以机智、灵敏的感觉。

2. 矫正（图5-29）

（1）脸型修饰：影色涂于上额和下巴处，亮色涂于上额角和两腮处。

（2）眉形修饰：适合平直的眉毛。

（3）眼部修饰：眼影适当向外晕染。

（4）鼻部修饰：适当提亮高光。

（5）腮红：不宜突出。

（6）唇部修饰：唇型宜圆润，不可有棱角。

五、甲字脸

1. 特征

甲字脸的下巴较窄，给人以秀丽的感觉。

2. 矫正（图5-30）

（1）脸型修饰：影色涂于上额两侧和下巴。

图5-28　长脸型的矫正　　图5-29　菱形脸的矫正　　图5-30　甲字脸的矫正

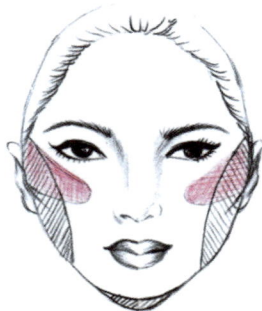

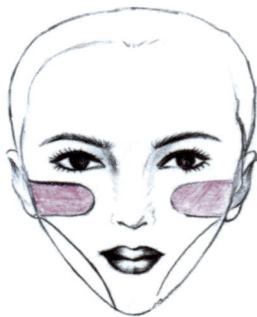

（2）眉形修饰：适合稍有弧度的眉毛。

（3）眼部修饰：眼影晕染重在内眼角，眼线不宜拉长。

（4）腮红：腮红在外眼角和鼻底线之间做横向晕染。

（5）唇部修饰：唇型圆润饱满。

六、由字脸

1. 特征

由字脸的上额较窄，下巴较宽，给人以威严的感觉。

2. 矫正（图5-31）

（1）脸型修饰：影色涂于两腮处。

（2）眉形修饰：适合平直的眉毛。

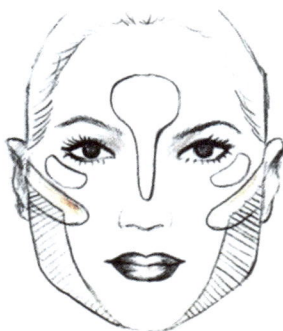

图5-31　由字脸的矫正

（3）眼部修饰：眼影重在外眼角，眼线拉长，略微上挑。

（4）鼻部修饰：鼻根部不宜过窄。

（5）腮红：腮红在颧骨外侧做纵向晕染。

（6）唇部修饰：唇色不宜太重。

第六章

现代整体
化妆造型

课题名称： 现代整体化妆造型

课题内容： 1. 日常妆造型

2. 新娘妆造型

3. 晚宴妆造型

4. 创意妆造型

课题时间： 6课时。

教学目的： 掌握现代整体化妆造型设计理念及实操方法，提升学生专业实操技能及综合职业专业能力。

教学方式： 讲授法、演示法、讨论法

教学要求： 1. 了解现代整体造型设计的基本类别。

2. 掌握不同妆型的设计依据。

3. 提升学生的专业技能以及整体造型设计能力。

课前（后）准备： 课前通过查阅资料预习课题内容，课后通过实操巩固课题内容。

第一节

日常妆造型

日常妆容要体现个性和时尚，因此日妆的重点在眼部、唇部的描画。日妆用于人们日常生活和工作中，表现在自然光线和日光灯下，要求对面部五官进行轻微修饰，以达到与服装、环境等因素的和谐统一。

一、日常妆的特点

日常妆也称淡妆、裸妆，根据人物所处的不同场景，可适当做一些调整，妆色要求清淡、典雅、协调自然，化妆手法要求精致，不留痕迹，妆型效果自然生动。发型、服饰要与人的气质、职业、环境等相协调，整体造型要简洁大方，符合气质特征（图6-1）。

图6-1 日常妆

二、日常妆的表现方法

1. 妆前护肤

首先，妆前护肤最重要的就是清洁皮肤，使皮肤呈现一个良好的状态，有利于底妆的吸收和服帖，不会起皮、卡粉，影响整体妆容。其次，要涂抹护肤品，妆前保湿可以使底妆更清透、服帖。最后，涂抹隔离和防晒产品，对皮肤进行简单的修饰和保护。

2. 底妆

底妆一定要清透、自然，可以使用轻薄的粉底液，用粉底刷或者浸湿的海绵粉扑均匀地涂抹于面部，注意与脖颈的衔接，做好定妆。

3. 眉妆

如果眉毛本身较完整，可以使用眉笔以线条描画的方法填充稀缺的部分。如果眉毛稀疏，可以采用线条描画的方式或使用眉粉铺底色，用眉笔描画。

4. 眼妆

眼影选择自然的颜色，一般采用三种颜色，即浅色打底，中间色过渡，最深色加重层次。春夏时，可以蘸取珠光浅色眼影涂抹在上眼睑中间，注意此方法不适合所有眼型。眼线可以画内眼线也可以画外眼线，根据眼型和妆容要求而定，如果觉得黑色眼线过于沉重，那么棕色的眼线是个很好的选择。要使用睫毛夹夹翘睫毛，再涂睫毛膏。

5. 腮红

在日常生活中，如果认为涂抹腮红显得刻意、不自然，这是不对的。选择适合自己的腮红，可以起到调整肤色的作用，使皮肤看起来更加红润健康。

6. 唇

画唇妆之前，要进行润唇打底，然后涂抹唇膏。

第二节

新娘妆造型

新娘妆用于婚礼、拍摄婚纱照场合，根据不同款式的服装，搭配不同的妆容，展现出不同的风格，如清新、优雅、复古等。随着时代的趋势变迁，婚礼新娘妆越来越趋向于自然典雅，表现新娘大方、温婉的女性魅力。

一、新娘妆的特点

新娘妆要求自然、典雅，化妆手法要求精致细腻，整体造型要端庄大方，表现新娘优雅的气质。

二、新娘妆的表现方法

1. 中式新娘造型

中式新娘造型有独特的东方传统古典美，红色寓意喜庆吉祥，在中式新娘妆中自然也少不了红色作为妆容的主色调，搭配手工定制的珠钗和以红金色调为主的秀禾服和龙凤褂，能够展现新娘在中国传统婚礼中的端庄、秀美（图6-2）。

（1）底妆：使用粉底液或者粉底霜使肤色洁白细腻，涂抹粉底时要边涂抹边轻按压皮肤，使粉底更服帖于皮肤。

（2）眼妆：眼妆讲究色调自然，以暖色调为主，而浅色系的金色和红色的搭配则往往会使新娘魅力更加突出，眼线线条清晰流畅，睫毛需要根根分明，使眼睛更加具有神采。

（3）眉毛：眉毛弯曲自然，颜色不宜过重。需要注意的是眉形不宜过于细挑，否则新娘会略显刻薄。

（4）腮红：腮红宜浅淡自然，颜色与眼影色相协调，制造出白里透红的健康肌肤效果。

（5）唇妆：唇色与服色、妆色相协调，饱和度高、色彩纯正的红色是经常用到的颜色，并要求牢固持久。

随着时代的潮流趋势变迁，轻柔典雅色调的中式新娘服装越来越受年轻人的喜欢，搭配新娘妆容，体现新娘婉约的气质（图6-3）。

2. 现代新娘妆造型

以不同风格的白色婚纱为主，虽然现代新娘造型风格多样，唯一不变的是新娘的温柔委婉，造型并不宜过于夸张，配以相应的饰品，如皇冠、鲜花、头纱、缎带等饰品，达到整体柔美、端庄、大气的效果（图6-4）。

（1）底妆：选择轻薄的粉底液，使肤色干净清透，涂抹粉底时要边涂抹边轻按皮肤，使粉底更服帖于皮肤。定妆也要轻薄自然，使皮肤看起来透亮、有质感。

（2）眼妆：眼妆宜采用大地色系、暖色系，眼线线条清晰流畅，配以自然卷翘的假睫毛，让眼睛更加有神韵。也

可根据不同风格的新娘妆来塑造不同的眼妆。

（3）眉毛：眉毛弯曲自然，眉色不宜过重，要与新娘的发色相协调。可根据不同风格的新娘妆来塑造不同的眉形。

（4）腮红：腮红浅淡自然，颜色与眼影色相协调，让皮肤看起来更加红润有光泽。

（5）唇妆：唇色与服色、妆色相统一。

除了白色婚纱之外，也有清新可爱的彩纱礼服，搭配蓬松、空气感的发型，表现新娘的甜美、俏皮、可爱、清新、淡雅。整体妆容清新自然，甜美优雅（图6-5）。

图6-2　中式新娘妆造型

图6-3　中式新娘妆造型

图6-4　不同风格新娘妆造型

图6-5　彩纱新娘妆造型

第三节

晚宴妆造型

晚宴妆适用于社交、宴会等灯光强烈的场合，不同款式的礼服搭配不同的妆容，展现出不同的风格，表现新娘优雅、妩媚的女性魅力（图6-6）。

一、晚宴妆的特点

晚宴妆色彩搭配丰富、华丽鲜明，明暗对比较强，整体造型女性高雅、妩媚。

图6-6　不同风格的晚宴妆造型

二、晚宴妆的表现方法

晚宴装的女性形象端庄、典雅，言行举止得体大方，因此，晚宴化妆造型要求高贵、优雅、妩媚，且富有个性魅力。

1. 底妆

使用质地细腻且遮盖力较强的粉底液或粉底膏在面部均匀涂抹，利用深浅不同颜色的粉底强调面部以及五官的立体结构。另外，需要对面部瑕疵进行遮盖，使肌肤保持一个健康透亮的状态。

2. 眼妆

在妆面上不要出现过多的颜色，那样会显得妆型凌乱且有失高雅，眼影用色不宜夸张，颜色需要与服色相协调，整体用色淡雅、不宜过于浓艳，浓艳的妆色并不能表现出女性的端庄与高雅。

3. 眉毛

眉毛可略有弧度，可以适当显得女性成熟有魅力，眉色自然，不宜过黑。

4. 腮红

腮红的颜色要柔和，色彩与眼影色相协调，晕染要与肤色衔接自然。

5. 唇妆

唇型要轮廓清晰，唇色与整体妆色协调。

第四节

创意妆造型

创意化妆是化妆师根据创作主题，结合模特气质特点、面部五官特征、服装、发型等造型因素而定位的化妆风格。创意化妆要求化妆师具有丰富的文化底蕴和良好的表现能力。

创意化妆根据主题所要表达的内容创作，不拘泥于形式，色彩丰富，适用于模特走秀、时尚杂志封面、明星写真、广告等表现人物独特个性的艺术创作。创意妆指在化妆的过程中把更多的外界元素渗入妆面上，以形成更好的效果，从而达到一种创新的化妆概念。在化妆学习中，创意无疑占有举足轻重的作用，巧妙地将科技与文化、外表与内涵、理性与感性以及有形与无形结合起来。恰当地运用创意思维于化妆学习中，是化妆学习者的核心技能之一，化妆学习的最大价值也正体现在创意思维于化妆中的运用。因此，化妆学习过程中创意思维的培养和运用，对于化妆师的水平和层次起着至关重要的作用。下面以三个不同主题的创意妆为例做简要阐述。

一、创意云朵妆造型

如图6-7所示为云朵仙子创意妆造型，为了突出创意妆容的效果，整体色彩以粉色调为主。模特自身比较小巧可爱，五官立体，在为其设计的此款创意造型以云朵为主题，再结合模特自身的气质，将模特打造出如同云朵精灵般的气质。为了凸显眼部的妆容，特将眉毛简化，颜色减淡，突出特质。眼睛部分，眼线较粗并且向后拉长，夸张突出眼型，并贴上夸张的假睫毛，与妆容呼应，增添独特气质。为了切合主题，在模特的脸颊处画上云朵的形状，层层迭出，营造云朵梦幻的感觉。衣服选用为粉色的薄纱，材质轻盈，更添整个造型的灵动性，使云朵仙子的造型更加生动鲜活。

二、创意民族风造型

如图6-8所示，为了突出创意妆容的效果，整体色彩以红色调为主。在为其设计的此款创意造型以民族风为主题，再结合模特自身的气质，将模特打造出富有民族感，但又不缺时尚感的艺术造型。妆面采用浓烈的红色调搭配明黄色调大面积

晕染眼周及太阳穴区域，眼线眼尾加粗拉长，贴上夸张浓黑的假睫毛，并描画出搭配妆面的正红色饱满唇型，整个妆容用色大胆，给人以强烈的视觉冲击力。再搭配以民族风为元素制作的头饰和带有中国传统文化剪纸元素的镂空红色礼服，凸显出东方女性的魅力。

三、创意人鱼妆造型

如图6-9所示，为了突出创意妆容的效果，整体色彩以蓝色调为主。在为其设计的此款创意造型以美人鱼为主题，妆面采用蓝色为主调，搭配粉色调突出眼妆，采用紫色描画出自然弯曲的眉毛，唇色采用自然的珊瑚色。为了更突出妆容主题，在脸部轮廓描画出镂空色块，形似鱼鳞，整体妆容色彩梦幻，运用了亮片、珍珠做装饰，搭配制作的精灵耳饰、铺有蓝色晶状粉的卷发和蓝色钉珠礼服，甜美梦幻又不失少女感。

图6-7 云朵仙子创意妆造型

图6-8 创意民族风造型

图6-9 创意人鱼妆造型

第七章

中国历代人物化妆造型

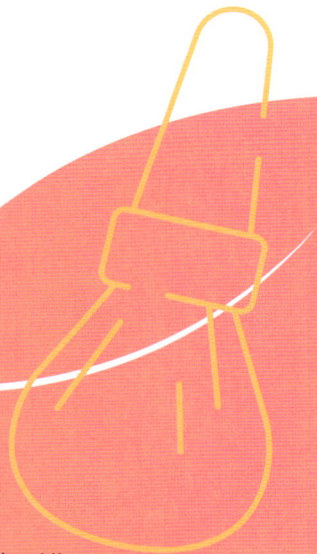

课题名称： 中国历代人物化妆造型

课题内容： 1. 汉代时期　　　　　2. 魏晋南北朝时期　　　　3. 隋唐五代时期

4. 宋辽金元时期　　　5. 明朝时期　　　　　　6. 清朝时期

7. 清末民初时期

课题时间： 4课时。

教学目的： 了解学习中国传统妆饰文化，增强学生对中华优秀传统文化的喜爱和认同，引导学生增强文化自信，使学生树立主流的审美基础，能够运用所学知识进行设计与创作的职业能力，提升专业素养和主流审美意识。

教学方式： 讲授法、演示法、讨论法

教学要求： 1. 了解学习中国历代妆饰文化的背景与时代特征。

2. 掌握中国历代不同时期的人物化妆造型设计塑造技法。

3. 将中国传统妆饰审美贯穿于整个课堂之中，引导学生感悟传统妆饰文化之美，激发学生的兴趣和爱国主义情怀。

课前（后）准备： 课前通过查阅资料预习课题内容，课后通过实操巩固课题内容。

在影视舞台剧中，重塑历史人物的化妆是经常出现的，化妆师必须遵循不同历史人物的形象特点，利用化妆造型手段和技巧，使演员的外形接近所扮演的角色。因此，我们要熟悉和了解古代人物的装饰发展历史。

第一节　汉代时期

两汉时期，随着社会经济的高度发展和审美意识的提高，化妆的习俗得到新的发展，无论是贵族还是平民阶层的妇女，都会注重自身的容颜装饰。汉桓帝时，大将军梁冀的妻子孙寿便是以擅长打扮闻名。她的仪容妆饰新奇妩媚，令当时的女性争相模仿。那时的妆型，已出现了不同样式，化妆品也丰富了很多（图7-1）。

在宇文士及《事物纪原》一书中写道："周文王时，女人始傅铅粉。秦始皇宫中悉红妆翠眉，此妆之始也。"从现在的考古资料看，马王堆出土的随葬品中已有化妆品及器具了（图7-2）。

汉代妆容在妆面上选用了红粉妆，面部较白，眼睛部位加以刻画。点染朱唇是面妆的一个重要步骤。口脂化妆的方式很多，中国习惯以嘴小为美，即"樱桃小口一点点"，如唐朝诗人岑参在《醉戏窦美人诗》中所说："朱唇一点桃花殷。"眉妆样式以长眉为主妆面以酒晕妆、红妆为主。秦始皇中的"红妆翠眉"打开了面妆色彩上的桎梏，从而开启了后世历代色彩丰富、造型各异的面妆风潮。在发式方面，虽然女子梳高髻依然很多，但多局

图7-1　汉代陶俑

图7-2　马王堆汉墓出土九子奁

限于宫廷艺苑。在民间则广泛流行锥髻与堕马髻（图7-3、图7-4）。在面妆方面，由于红蓝花的引进，使胭脂的使用日益普及。妇女们一改周时的素装之风，而开始盛行各种各样的红妆。在眉妆方面，创造出了许多颇为"大气磅礴"和"以为媚惑"的眉式，汉代时期造型设计示例如图7-5、图7-6所示。

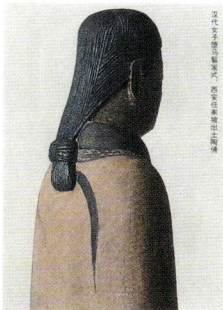

图7-3 堕马髻汉代女子堕马髻发式

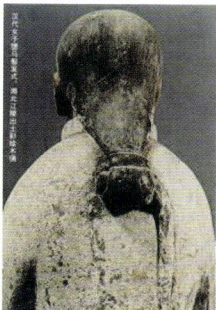

图7-4 湖北江陵出土彩绘木俑

图7-5 汉代女子造型设计

图7-6 汉代宫廷女子造型设计

第二节

魏晋南北朝时期

魏晋南北朝时期，由于北方少数民族的势力逐渐扩张到中原，中原人民又往南迁徙，形成各民族经济文化的交流融会，加上世风习俗也经历了一个由质朴洒脱到菱靡绮丽的变化，使当时妇女的化妆技巧在此时期渐趋成熟，呈现多样化的倾向。整体而言，妇女的面部妆扮在色彩运用方面比以前大胆，妆扮的形态变化也很大，充满自由想象的崭新景象。

妇女发式，与前代有所不同。魏晋流行的"蔽髻"是一种假髻，晋成公《蔽髻铭》曾做过专门叙述，其髻上镶有金饰，各有严格制度，非命妇不得使用。普通妇女除将本身头发挽成各种样式外，也有戴假髻的。不过这种假髻比较随便，髻上的装饰也没有蔽髻那样复杂，时称"缓鬓倾髻"（图7-7）。另有不少妇女模仿西域少数民族习俗，将发髻挽成单环或双环髻式，高耸发顶。还有梳丫髻或螺髻者。在南朝时，由于受佛教的影响，妇女多在发顶正中分成髻鬟，做成上竖的环式，谓之"飞天髻"（图7-8）。这种发髻先在宫中流行，后在民间普及。

这时期还有一种特殊妆式称为"紫妆"，当时这种妆法尚属少见，但可以看出古代紫色为华贵象征的审美意识。后来又发展成用翠绿色画眉，且在宫廷中也很流行。宋朝晏几道《六么令》中形容其："晚来翠眉宫样，巧把远山学。"《米庄台记》中说："魏武帝令宫人画青黛眉，连头眉，一画连心甚长，人谓之仙娥妆。"（图7-9）这种翠眉的流行，反而使用黑色描眉成了新鲜事。魏晋南北朝造型设计示例如图7-10、图7-11所示。

图7-7　魏晋南北朝女子发式

图7-8　东晋顾恺之《洛神赋图》局部

图7-9　东晋顾恺之《女史箴图》局部

图7-10　魏晋南北朝时期宫廷女子造型设计

图7-11　魏晋南北朝时期宫廷女子造型设计

第三节

隋唐五代时期

隋唐五代是中国历史上最重要的一个时期，大约从公元6世纪末到10世纪中叶，共300多年的时间，其中唐朝更是中国历史上最辉煌的朝代之一。隋代妇女的妆扮比较朴素，不像魏晋南北朝有较多变化的式样，更不如唐朝的多彩多姿。唐朝国势强盛，经济繁荣，社会风气开放，妇女盛行追求时髦（图7-12）。

在妆面方面，浓艳的红妆成为面妆的主流，许多贵妇甚至将整个面颊，包括上眼睑至耳朵都敷以胭脂，对红色大胆的偏爱，在其他朝代是绝无仅有的。

在眉妆上，唐朝流行把眉毛画得阔而短，形如桂叶或蛾翅（图7-13）。为了使阔眉画得不显得呆板，妇女们又在画眉时将眉毛边缘处的颜色向外均匀地晕散，称其为"晕眉"。还有一种是把眉毛画得很细，称为"细眉"。故白居易在《上阳白发人》中有："青黛点眉眉细长"之句，在《长恨歌》中还形容道："芙蓉如面柳如眉"。到了唐玄宗时，画眉的形式更是多姿多彩，为人熟知的就有十种眉：鸳鸯眉、小山眉、五眉、三峰眉、垂珠眉、月眉、分梢眉、涵烟眉、拂烟眉、倒晕眉（图7-14）。光是眉毛就有这么多画法，可见古人的爱美之心。

在唇妆方面，在晚唐僖、昭年间达到顶峰。各种唇式名目达20种之多，且

图7-12　唐代敦煌壁画乐庭环夫人行香图

图7-13　唐周昉《簪花仕女图》

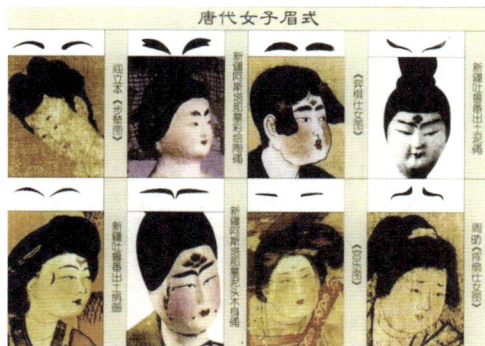

图7-14　唐代女子眉式

色彩丰富。在造型上则仍以小巧圆润为美（图7-15）。

在面饰方面，各种各样的面饰已经进入寻常百姓之家。从唐代仕女画与女俑形象来看，极少有不佩面饰者。其造型各异，色彩浓艳，且多为几种面饰同时佩画，可以说是唐代女子面妆中非常具有代表性的一个方面。

北朝《木兰诗》里，少女花木兰替父从军，征战十年始归。她一回到告别已久的闺房，就急忙"脱我战时袍，著我旧时裳。当窗理云鬓，对镜贴花黄"（图7-16）。诗中花木兰所贴的"花黄"是古代流行的一种女性额饰，又称额黄、鹅黄、鸭黄、约黄等，是把黄金色的纸剪成各式装饰图样，或是在额间涂上黄色（图7-17）。

在发式方面，则一改初唐时期的那种挺拔、俊朗、简洁的发式，而代之以珠翠满头、蓬松高大且多朝一侧歪斜的发式。此时女子的鬓发修饰颇有特色，谓之"两鬓抱面"。可能是这样鬓发与此时女子丰肥的面庞相配，不至于使面部显得过关于突兀。唐代妇女发式多姿多态。唐段成式在《髻鬟品》中写道："高祖宫中有半翻髻缩髻、乐游髻。明皇帝宫中，双环望仙髻、回鹘髻、贵妃作愁来髻。贞元中有归顺髻，又有闹扫妆髻。长安城中有盘桓髻、惊鹄髻，又抛家髻及倭堕髻"（图7-18～图7-20）。另外在《妆台记》以及《新唐书》《中华古今注》等书中，也有对唐代妇女发髻式样的记述。文物考古工作者曾分别在唐代墓葬出土的陶俑以及

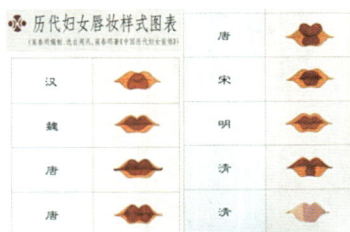
图7-15　历代妇女唇妆样式图表

图7-16　额黄

图7-17　不同样式的额黄

图7-18　唐代双环望仙髻

图7-19　唐代堕马髻

图7-20　唐代单螺髻

石椁线雕、壁画中见到一些如古籍中描述的发髻式样，以西安东郊唐长安平康坊、西郊醴泉坊三彩窑出土陶俑发式实物最为集中和多样。从唐代妇女多姿的发式这一侧面窥探唐代社会的兴旺和开放程度。

隋唐五代是中国面妆史上最为繁盛的时期。在这一时期，出现了许多时髦且流行一时的面妆，称为时妆或时世妆，尤以唐代最为突出。由于唐代是一个开放浪漫、博采众长的盛世朝代，仅在眉妆这一细节上，便一扫"长眉一统天下"的局面，各种变幻莫测、造型各异的眉形纷纷涌现。且各个时期都有其独特的时世妆，开辟了中国历史上，乃世界史上眉式最为丰富的辉煌时代。唐代时期造型设计示例如图7-21所示。

（a）　　　　　　　　　　　（b）　　　　　　　　　　　（c）

图7-21　唐代时期复原造型设计

第四节

宋辽金元时期

宋朝建立之后，经济有所发展，美学思想也有了和以前不一样的变化，在绘画诗文方面力求有韵，用简单平淡的形式表现绮丽丰富的内容，造成一种回荡无穷的韵味，崇尚淡雅的风格。虽说宋代妇女的妆扮属于清新、雅致、自然的类型，不过擦白抹红还是脸部妆扮的基本要素，因此，红妆仍是宋代妇女在化妆方法中不可或缺的一部分。

契丹、女真、蒙古都是游牧民族，在入主中原之前，长期转居于边塞，服饰装扮都非常简朴，直到逐渐汉化后，才变得比较讲究及华丽。整体来看，元代妇女的妆扮在顺帝前后有较明显的差异。在此之前，一般多崇尚华丽；在此之后，风气转为清淡、朴素，有的甚至不化妆不擦粉，这种现象也反映了当时社会经济、政治等方面都衰弱不振的趋势（图7-22）。

辽代妇女的发髻式样非常简单，一般多梳为高髻、双髻或螺髻，也有少数为披发式样。在辽代赵德钧墓壁画中可看到妇女"三尖巧额"的额发式样，这是当时北方地区流行的一种额饰。辽代妇女颇善于运用巾子来做发饰（图7-23）。出土的侍女壁画中，就可看到梳各种发髻的侍女，以彩色丝带系扎发髻作为装饰。根据《大金国志》的记载，金代的妇女和男子一般都留辫发，只不过男子是辫发垂肩，女子则辫发盘髻，稍有不同。元代妇女的发髻式样比金代时变化较多，一般妇女仍有梳高髻的，有诗句云："云绾盘龙一把丝"，其中的"盘龙"就是一种高髻

（图7-24）。这不但是平民妇女常梳的式样，就连贵族也常梳这种发髻。此外，双髻丫、双垂髻、双垂辫多为少女或侍女所梳的发式。辽代妇女在面部化妆方面最大的特色，就是将一种如金色般的黄粉涂在脸上，这种化妆称为"佛妆"，跟佛教有关。金代妇女有在眉心装饰花钿做"花钿妆"的习惯（图7-25）。

宋元妇女由于受理教的束缚颇深，因此，此时的面妆大多摒弃了唐代那种浓艳的红妆与各种另类的时世妆与胡妆，而多为一种素雅、浅淡的妆饰，称为"薄妆""淡妆"或"素妆"（图7-26），宋元的女子虽然也施朱粉，但大多是以浅朱，只透微红。宋代时期造型设计示例如图7-27所示。

图7-22 元代皇后像

图7-23 宋《梅花仕女图》

图7-24　元　周郎
《杜秋娘图》

图7-25　宋　顾洛《仕女图》

图7-26　宋代皇后像

（a）

（b）

图7-27　宋代时期宫廷女子造型设计

第五节

明朝时期

　　明朝初期，国势强盛，经济繁荣。当时的政治中心虽在河北，然而经济中心却是在农业生产繁荣的长江下游——江浙一带，于是各方服饰都仿效南方，特别是经济富庶的秦淮曲中妇女的妆扮，更是全国各地妇女效仿的对象。另外，自宋元以来，开始崇尚以妇女小脚为美的劣习。妇女受到种种压抑及摧残，妆饰仪容方面当然不可能有特殊的表现，更何况唐朝妇女的妆饰仪容已发展至极盛的巅峰，后人也不易超越（图7-28）。

明朝妇女的发髻式样，起初变化不大，基本上仍保留宋元时期的式样（图7-29），但在发髻的高度上收敛了不少。明朝妇女也模仿汉朝"堕马髻"的发式，但不尽相同。明朝堕马髻是后垂状，梳时将头发全往后梳。当时梳这种发式已属于较华丽的妆饰（图7-30）。

就整体来看，明朝妇女的面部化妆虽少不了涂脂抹粉的红妆，但已不似前面几个朝代，面部妆饰得那样华丽多变，而是偏向秀美、清丽的造型。纤细而略微弯曲的眉毛，细小的眼睛，薄薄的嘴唇，脸上白白净净的，清秀的脸庞越发显得纤细优雅。明代时期造型设计示例如图7-31、图7-32所示。

图7-28 明代仕女图

图7-29 明《女像轴》

图7-30 明代皇后像

图7-31 明代时期女子造型设计

图7-32 明代时期宫廷女子造型设计

第六节

清朝时期

　　明清以来，对女性的礼教约束很严，统治阶级大力提倡"节妇烈女"，要求妇女"行步稳重，低首向前""外检束，内静修"。妇女一言一行、举手投足都受到限制，在妆饰方面也就不可能有突出的表现（图7-33）。

　　清朝妇女的发式也有满式、汉式的分别。初时，还各自保留原有传统，之后受到民族间相互交流影响，便也逐渐产生了变化。普通满族妇女多梳"大拉翅"（图7-34）。这是一种横长形的髻式，是满族妇女最常梳盘的发型。旗头的髻式是将长长的头发由前向后梳，再分成两股向上盘绕在一根"扁方"上，形成横长如一字形的发髻，因此也称为"一字头""两把头"或"把儿头"（图7-35），又因为是在发髻中插以架子般的支撑物，所以也称"架子头"。清初，一般汉族妇女的发型多沿用明朝的式样，当时流行的发式有"牡丹头""荷花头""钵盂头""松鬓扁髻"等式样。随着高髻的过时，起而代之的是平髻、长髻（图7-36）。到了清末，梳辫逐渐流行，最初大多是少女才梳辫，后来一般妇女普遍都梳辫。在额前蓄留短发也是这个时期妇女发式的一大特色，称为"前刘海"。这本来是属于女孩的打扮，后来也不限于女孩，而成为一种流行趋势，甚至有覆盖了半个额式的刘海（图7-37）。到了宣统年间，更有将额发与鬓发相合，垂于额两旁鬓发处，如燕子的两尾分叉，时人称为"美人鬓"。

　　明清时期一般崇尚秀美清丽的形象，清朝妇女的眉式也像明朝妇女一样纤细而弯曲。从清朝帝后图像及各种仕女图中所看到的，都是面庞秀美、弯曲细眉、细眼、薄小嘴唇的形象。到了晚清时期，由于国外先进文化与科学的涌入，对妆饰文化也产生了不小的影响。中国化妆旧法逐渐被淘汰，西洋化妆术被大力提倡。年轻女子则开始留额发，发式也不再受年龄和身份的限制。同时，"樱桃小口一点点"的唇式在中国唇妆史上开始逐渐退出历史舞台。清代时期造型设计示例如图7-38所示。

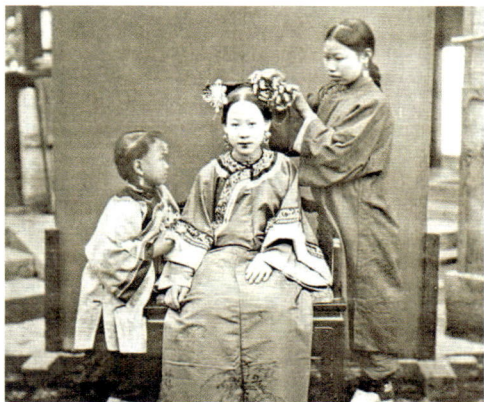

图7-33　清代传世照片

图7-34　清代女子发式大拉翅

图7-35　清代女子发式一字头

图7-36　清代民间女子发式

图7-37　清末民间女子发式

（a）

（b）

（c）

（d）

图7-38　清朝妇女不同的发式

第七节

清末民初时期

　　清末至"民国"初年，年轻妇女除部分保留传统的髻式造型外，又在额前留一绺短发，时称"前刘海"。辛亥革命以后，时兴剪发。约在20世纪30年代，国外妇女的烫发经沿海几个通商口岸传入国内，一时间，人们的发式妆饰大多崇尚西洋，群起仿效，染发也一时成为达官贵人追求时髦的方式。至此各式发式造型达到历史上前所未有的丰富多彩（图7-39）。

　　"民国"初期，妇女的生活和观念逐渐产生变化，但反对妇女抛头露面的传统观念还没有整个改变，在外表装扮上仍显得传统、保守。服饰变化不大，一般保持着上衣下裙的形式，即上穿衬袄、下穿长裙，袖口窄小且裁制得很短，以方便活动。女性妆饰大多以简洁淡雅为主，过去那些繁缛的面饰和奇形怪状的面妆在这个时代都不见踪影。发式方面，初期受男子减辫子的影响，也曾流行过剪发，但受社会传统限制，不久又恢复长发和髻。年轻女子在前额留一缕头发，成为"前刘海"（图7-40），式样多种。"清末民初"时期造型设计示例如图7-41所示。

　　20世纪三四十年代，受新的审美理念的洗礼以及商业文明的推动，民国女性改头换面。新的发型，自然的面妆，结合着充分表现女性形体曲线美的新式改良旗袍、丝袜、高跟鞋，充分表现了当时新女性高雅、开放、快节奏的生活状态（图7-42）。

　　从前作为等级、身份的妆饰已经淡化，妆饰转而形成了显示个人消费水准和审美情趣的一个侧面。不同身份、年龄的女性在妆饰方面也大不相同，这种多元化表现，也说明当时人们审美标准日渐趋向多元性，掀开了中国女性妆饰史上崭新的一页（图7-43、图7-44）。"民国"时期造型设计示例如图7-45所示。

图7-39　"民国"时期传世照片

图7-40　"民国"初期女子传世照片

（a） （b）

图7-41 清末民初女子造型设计

图7-42 传世照片"民国"时期女子

图7-43 "民国"时期女子

图7-44 "民国"时期
影星

（a） （b） （c）

图7-45 "民国"时期女子造型设计

参考文献

[1] 郭秋彤,林静涛. 美容化妆 [M]. 2 版. 北京:高等教育出版社,2010.

[2] 郭秋彤,林静涛. 化妆基础 [M]. 北京:高等教育出版社,2017.

[3] 乔国华. 化妆造型设计 [M]. 北京:高等教育出版社,2005.

[4] 李秀莲. 中国化妆史概说 [M]. 北京:中国纺织出版社,2005.

[5] 李芽. 中国历代装饰 [M]. 北京:中国纺织出版社,2004.